香蕉结果状

香蕉果穗

香蕉组培的培养基
消毒操作

 香蕉组培的接
种操作

香蕉组培的继代
培养间

2

香蕉组培的一级苗圃
假植状

香蕉组培的二级
苗圃假植状

香蕉畦沟栽培状

3

香蕉壕沟低位栽培状

香蕉园立柱防止
风害状

割除蕉株枯叶后
的香蕉园一角

4

香蕉园索道运蕉状

香蕉园内的
运蕉索道

清洗香蕉果实
作业状

清洗中的香蕉果实

香蕉落梳作业状

给香蕉称重并
作防腐处理

6

给装箱前的香蕉
进行果段泡膜分
隔处理

香蕉装箱状

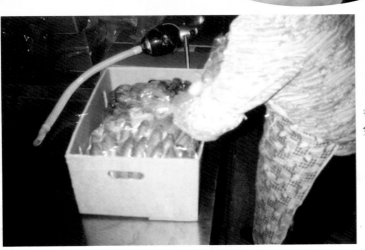

香蕉的装箱抽真
空包装状

7

香蕉束顶病
病株状之一

香蕉束顶病病
株状之二

香蕉叶斑病症状

8

果品无公害生产技术丛书

GUOPIN WUGONGHAI SHENGCHAN JISHU CONGSHU

无公害高效栽培

陈清西　纪旺盛　编著

金盾出版社

内 容 提 要

　　本书由福建农林大学园艺学院陈清西副教授等编著。书中介绍了香蕉无公害栽培的概念与意义，无公害香蕉产品的质量标准、质量检验与质量认证，香蕉无公害栽培的环境条件，香蕉无公害高产栽培技术，香蕉病虫害的无公害防治，香蕉的采收、贮运与营销管理，以及香蕉的无公害加工等内容。全书深入浅出，通俗易懂，内容实用，技术先进，可操作性强。适于从事香蕉生产、加工、营销的人员和农林院校师生阅读和参考。

图书在版编目（CIP）数据

　　香蕉无公害高效栽培/陈清西，纪旺盛编著．—北京：金盾出版社，2004.3

　　（果品无公害生产技术丛书）

　　ISBN 978-7-5082-2884-6

　　Ⅰ．香…　　Ⅱ．①陈…②纪…　　Ⅲ．香蕉-果树园艺-无污染技术　　Ⅳ．S668.1

　　中国版本图书馆 CIP 数据核字（2004）第 007474 号

金盾出版社出版、总发行

北京太平路 5 号（地铁万寿路站往南）

邮政编码：100036　电话：68214039　83219215

传真：68276683　网址：www.jdcbs.cn

彩色印刷：北京百花彩印有限公司

黑白印刷：北京天宇星印刷厂

装订：北京天宇星印刷厂

各地新华书店经销

开本：850×1168 1/32　印张：8.125　彩页：8　字数：197 千字

2009 年 9 月第 1 版第 3 次印刷

印数：17001—25000 册　定价：14.00 元

果品无公害生产技术丛书编辑委员会

主 任

沈兆敏　刘凤之

委 员

（按姓氏笔画为序）

刘捍中　张　鹏　张志善

张克斌　罗　斌　曹尚银

潘东明

　　果品是人类食品的重要组成部分。随着我国人民生活水平的提高和消费观念的转变,生产优质、安全的无公害果品,已成为广大消费者的共同要求和提高果业生产效益的重要举措。为了解决农产品的质量安全问题,农业部从2001年开始,在全国范围内组织实施了"无公害农产品行动计划",分批制定和颁布了各种果品的无公害行业标准和无公害生产技术规程,使无公害果品生产不仅势在必行,而且有章可循。

　　实现果品的无公害生产,首先需要提高果品生产者、经营者以及管理者的无公害生产意识,使无公害生产技术规程能真正落到实处。为此,金盾出版社策划出版"果品无公害生产技术丛书",邀请中国农业科学院果树研究所、中国农业科学院柑橘研究所、中国农业科学院郑州果树研究所、中国科学院植物研究所、福建农林大学、西北农林科技大学、山西省农业科学院和北京市农林科学院等单位的果树专家,分20分册,介绍了20种鲜食果品无公害生产的环境条件,无公害高效栽培技术,病虫害的无公害防治,果实采收、保鲜、运输的无公害管理,以及干果的无公害加工技术。"丛书"既讲求技术的先进性,更注重其实用性和可操作性,内容深入浅出,语言通俗易懂,力求使广大果农、基层农技推广人员和生产管理人员能读得懂,用得上。

我相信,这套"丛书"的出版发行,将在果品无公害生产技术的推广应用中发挥广泛的指导作用,为提高我国果品在国际市场的竞争力和果业的可持续发展,做出有益贡献。

束怀瑞

2003 年 8 月

香蕉速生,投产早,产量高,经济效益好。早在 1990 年,世界香蕉总产量已达 7 000 万吨,居水果产量之冠。近年来,随着人们食物结构的变化,香蕉在热带、亚热带的种植面积不断扩大,产量逐年提高。种植香蕉的国家和地区,多达 120 多个。其中主要的产区在中南美洲和亚洲,年产量在百万吨以上的国家有 16 个。

香蕉是世界贸易量最多的果品,市场竞争十分激烈。如何提高香蕉质量,尤其是生产无公害香蕉,已成为当前香蕉生产中迫切解决的技术问题。只有针对生产上存在的问题,采取有效的技术措施,才能使我国香蕉生产,在世界香蕉贸易中立于不败之地。

当前,我国香蕉生产中存在的主要问题有:①华南沿海地区每年夏秋屡遭台风及暴雨的袭击,蕉株倒折受淹;②近年冬季寒潮侵袭极为频繁,蕉园损失惨重;③束顶病和花叶心腐病严重发生,香蕉发病率常达 10% ~ 30% 之多;④季节性差价明显,春蕉上市正值水果淡季,北运方便,价格较高;但夏秋蕉产期过于集中,北运受阻时,蕉价显著下降,影响蕉农的生产积极性,香蕉生产相当不稳定;⑤我国香蕉目前主要是鲜销,由于蕉园配套设施较差,果实碰伤严重,影响了香蕉的品质和价格;⑥深加工有待进一步开发;⑦无公害生产有待进一步发展。

为此,作者搜集了香蕉无公害生产和研究方面的最新资料,结合自己从事香蕉科研和教学的一些体会,编成本书。本书第一至第七章由陈清西编写,第八章由纪旺盛编写。由于编写时间仓促,知识水平有限,错漏和不足之处在所难免,敬请读者批评指正。

编 著 者

目录 MULU

第五章　香蕉无公害高产优质实用技术与立体栽培模式

第六章　香蕉病虫害的无公害防治

第七章 香蕉的无公害采收、贮运及营销管理

第八章 香蕉的无公害加工

第一章 香蕉无公害栽培的概念和意义

一、无公害农产品生产是一项极为重要的新任务

为了应对我国加入世界贸易组织给农产品质量带来的新情况和提出的新要求,更好地满足人民群众日益增长的对食品安全的要求,增强农产品的市场竞争力,增加农民的收入,实现农业的可持续发展,无公害农产品的生产和供应,作为当务之急的任务,被提到了极为重要的议事日程。农业部2001年4月组织实施的"无公害食品行动计划"正式启动,拉开了我国主要农产品无公害生产与消费的序幕。在新形势、新动力的强劲推动下,无公害食品的生产更是作为一项声势浩大的新任务,摆在了政府和生产、经营以及消费者的面前,成为今后农业生产的一个主要发展目标。

(一)无公害农产品的含义及由来

1.无公害农产品的含义

无公害农产品,是由国家有关行政主管部门针对当前农产品污染和食品质量安全问题,而提出的新概念。根据农业部和国家质量监督检验检疫总局《无公害农产品管理办法》的定义,无公害农产品是指产地环境、生产过程和产品质量符合国家有关标准与规范的要求,经认证合格、获得认证证书并允许使用无公害农产品标志的未经加工或初加工的食用农产品。关于无公害农产品的标准涉及范围和产品涵盖范围问题,从国家质检总局发布的无公害标准看,主要是环境质量标准和产品安全指标两方面。就是说,无

公害农产品,既要有优质农产品的营养品质,又要有健康安全的环境品质。它是一种具有独特标志的专利性产品,而这种独特标志,包含了其生产技术的独特性和管理办法的独特性。因此,开发无公害农产品,有别于一般性农业生产,它必须有自己一套完善的运作机制,并能很好地适应现代市场经济的发展环境。

2. 无公害农产品的由来及发展

无公害农产品来源于无公害农业。无公害农业,是 20 世纪 90 年代在我国农业和农产品加工领域提出的一个全新概念。它指的是在无污染区域或已经消除污染的区域内,充分利用自然资源,最大限度地限制外源污染物质进入农业生产系统,以确保生产出无污染的安全、优质和营养丰富的产品,同时,生产及加工过程不对环境造成危害。符合这样要求的农业,即为无公害农业,生产出来的农产品,即为无公害农产品。严格地说,遵循可持续发展的原则,按照无公害食品生产技术规程组织生产,经专门机构认定,许可使用无公害食品标志的,无污染、安全、优质、营养丰富的食品,是无公害食品。简单地说,把有害、有毒物质控制在安全允许范围内的农林牧渔产品及其加工品,就是无公害食品(农产品)。按照这样的程序和标准要求,生产出来的水果即为无公害水果。

在我国,与无公害食品相近的提法,有绿色食品和有机食品。绿色食品,来源于绿色农业,是我国率先提出的概念,也是世界上第一个由政府倡导开发的食品工程。1992 年 11 月 5 日,中国绿色食品发展中心成立。此后,中国绿色食品发展中心在全国设立委托管理机构 36 个,分区域建立了绿色食品产品质量监测机构和绿色食品环境监测机构,形成了绿色食品管理和技术监督网络。1996 年 11 月,国家工商行政管理局核准注册我国第一例产品质量证明商标,即绿色食品标志。至此,我国绿色食品的标准、质量监测和标志认证体系基本形成。我国的绿色食品分 AA 级和 A 级。AA 级绿色食品,是指产地环境技术条件符合 NY/T391 - 2000 要求,生产过程中不使用化肥、农药和其他有害于环境和人体健康的物质,按有机生产方式生产,产品质量符合绿色食品标准,经专门机构认定,许可使用 AA 级绿色食品标志的食品。A 级绿色食品,是指产地环境技术条件符合中华人民共和国农业行业标准 NY/T391－2000 要求,生产过程中严格按照绿色食品生产资料使用准则和生产技术操作规程,限量使用限定的化学合成物质,产品质量符合绿色食品产品标准,经专门机构认定,许可使用 A 级绿色食品标志的食品。

目前,绿色食品的开发覆盖了我国大部分省、市、自治区,对于促进各地优质农产品基地建设、产品精深加工、农民增收以及区域农业可持续发展,发挥了积极的作用。但绿色食品属于申请制,不带有强制性,在一定程度上制约了绿色食品的发展。同时,由于绿色食品价格比普通食品高出 1～3 倍,消费群体较小。并且,绿色食品的提法为我国特有,不便与国际接轨。为此,在我国加入世界贸易组织和农业产业国际化的大趋势下,我国从农业部到各级政府,纷纷出台无公害农产品的行业标准、地方标准和管理办法,以加强农产品的质量管理。

有机食品是有机农业的产物。根据国际有机农业联盟(I-FOAM)的定义,有机食品,是根据有机农业和有机食品生产、加工标准而生产、加工出来的,经过授权的有机颁证组织颁发给证书,供人们食用的一切食品。根据美国农业部(USDA)的定义,有机农业是一种完全不用或基本不用人工合成的化肥、农药、生长调节剂和饲料添加剂的生产体系。有机农业在可行范围内尽量依靠作物轮作、秸秆、牲畜粪肥、豆科作物、绿肥、场外有机废料、含有矿物养分的矿石等维持养分平衡,利用生物、物理措施防治病虫害。AA 级绿色食品在标准上等效采用 IFOAM 的有机食品标准,在英文名称上与有机食品相同。

有机食品,是目前国际上对无污染天然食品比较统一的提法。

有机农业的概念,于 20 世纪 20 代年首先在法国和瑞士提出。到了 20 世纪 80 年代,随着一些国际和国家有机标准的制定,一些发达国家才开始重视有机农业。有机农业,是指在农业生产过程中,遵循自然规律生态学原理,按照国际有机农业技术规范的要求,在生产中不使用化学合成物质,不采用基因工程获得的生物及其产物,而是利用可持续发展的农业技术,协调好农业生产和环境保护的关系,维持可持续发展的农业生产体系的农业。在有机农业生产体系中,根据国际有机农业生产要求和相应的标准生产的,通过独立的有机食品认证机构认证的一切农产品,均为有机食品。可以说,我国的 AA 级绿色食品,相当于有机食品。

(二)无公害水果生产现状及其发展前景

1.现状及前景

我国有机农业的发展,起始于 20 世纪 80 年代,到了 20 世纪 90 年代陆续有有机茶、有机大豆出口。2001 年,辽宁、西安生态养猪场第一批有机猪问世。但到目前为止,我国的有机食品生产仍处于起步阶段,生产规模较小,且产品基本上都是面向国际市场,国内市场几乎为零。

绿色食品生产,在我国由于政府的重视,发展很快。截至 2001 年,我国共有绿色食品企业 1 057 家,开发绿色食品产品 2 000 多种。2000 年绿色食品生产总量超过 1 000 万吨,目前已开发的绿色食品产品包括粮食、食用油、水果、蔬菜、畜禽产品、水产品、奶类产品、酒类和饮料产品等,其中初级农产品占 30%,加工食品占 70%。2000 年,绿色食品销售额达 400 亿元,其中出口创汇 2 亿多美元。绿色食品产品的开发,覆盖了绝大部分省(市、自治区),因开发绿色食品而受到保护的农田、草场、水域面积,达 400 万公顷。

1990 年,我国绿色水果类产品只有 13 个品种,1998 年增加到 129 个,增加了 9 倍。水果类产品既有一般的苹果、梨、桃、葡萄、菠萝和香蕉等品种,也有猕猴桃、哈密瓜、芒果、杏、山楂、核桃、柿、枣和栗子等产品。随着绿色水果初级产品开发规模的扩大,以这些初级产品为加工原料的绿色食品加工企业的发展规模也扩大了,加工的深度和层次也提高了。如绿色食品饮料产品,1990年只有19个,1998年则达到了202个。如鸭梨汁、核桃乳、杏仁乳和酸枣汁等,不仅丰富了绿色食品的品种,而且大大提高了原料产品的附加值,取得了较好的综合效益。绿色水果及其加工品不仅深受国内市场的欢迎,而且有相当一部分产品已经进入国际市场。1998年水果类产品出口额为816万元,占绿色食品总出口额的6.7%。在我国加入WTO后,农产品的安全性及品质已成为我国农产品出口的瓶颈和公众关心的热点。各级政府纷纷出台无公害农产品的地方标准和管理办法,目前已有广东、广西、辽宁、天津及武汉等地相继颁布了无公害农产品的地方标准和管理办法。由此可见,无公害水果的发展前景十分广阔。

2001年4月,由农业部组织实施的"无公害食品行动计划"正式启动。计划用8~10年的时间,基本上实现全国主要农产品生产与消费的无公害。2001年10月31日,农业部出台"关于加强农产品质量安全管理工作的意见",指出要从加强农产品产地环境、农业投入品、农业生产过程、包装标识和市场准入等五个环节的管理入手,下大力气建立健全农产品质量安全标准、检测检验、质量认证体系,加强执法监督、技术推广、市场信息等工作。因此,无公害食品的生产是带有法律强制性和市场约束性的,特别是市场准入制度的实行,加大了无公害食品的实施力度。市场准入制度要求在生产基地、批发市场,要逐步建立农产品自检制度。产品自检合格,方可投放市场或进入无公害农产品专营区销售。无论是生产基地还是农产品批发市场、农贸市场,都要自觉接受和配合政府指定的检测机构的检测检验,接受执法单位对不合格农产品依法做出的处理。这就要求果品生产企业、生产者,要了解无公害果品生产的要求、标准等相关知识,以适应无公害农业的发展。

2.发展无公害农业应注意的问题

发展无公害农业必须做好以下工作:

①建立国家无公害农产品产地环境质量标准及其食品安全指标体系,并制定相应的生产操作规程。制定关于食品安全性的国家政策和行动计划,普及无公害农业相关知识,教育广大农业从业人员;制定并不断完善食品立法,强化食品质量和安全性控制系统,推动食品行业实行保障食品安全的系统管理。

②组成执法、监督及监测三位一体的国家食品安全性控制机构,建立有效的、功能健全的食品安全性国家机构,对农业生产、食品加工、流通及销售的全过程进行监督、检查、管理、执法,确实保护消费者的利益。

③保护农业生态环境,严禁有害化学品的滥用。

④加强无公害农业关键技术、设备的研制与开发,加速产业化进程。如研究与开发生物农药,提高生物农药的稳定性、药效、降低成本;研究开发有机肥料、有机无机复合肥料和腐殖酸类肥料等;研制无菌包装技术及安全、可降解的可以重复使用的包装材料等,以上工作我国已着手进行。

国家农业部在抓好北京、天津、上海和深圳等四个城市"无公害食品行动计划"试点的基础上,从2002年开始,逐步扩大到部分省会城市。同时加大无公害蔬菜、水果、茶叶生产基地建设。可以相信随着国内经济发展的加快,人民生活水平的提高,消费观点的改变与环境健康意识的普及,我国市场与国际市场全面接轨,对无公害产品的需求必将增加。随着农业产业化的发展,通过无公害农产品开发,推行规模化种植、专业化生产、区域化布局、基地化发展,实行生产专业化、农产品商品化、服务系列化、产销一体化,把支柱产业建立在经济与环境协调发展的良性循环机制上,加快传统农业生产结构向现代农业生产结构的调整和转变,使无公害农产品开发在农业产业化的形成中壮大发展。

二、香蕉无公害栽培的概念和意义

(一)香蕉的经济价值

1.香蕉是重要的经济作物之一

香蕉是世界著名的热带果品多年生草本植物,也是我国华南地区的重要果品草本植物。2001 年世界香蕉种植面积 405.4 万公顷,产量为 6 729.6 万吨,分别占世界果品面积和产量的 8.4% 和 14.2%,分别位居第三位和第二位。香蕉在世界果品贸易上的地位,已超过柑橘类,位居第一,2000 年世界香蕉贸易量为 1 422.7 万吨。2001 年我国香蕉种植面积为 22.4 万公顷,产量为 527.24 万吨,仅次于印度、厄瓜多尔和巴西,位居世界第四位。

2.香蕉营养丰富,品质优良

香蕉品质优异,肉质柔软,清甜可口,具有香味,营养丰富。香蕉是富含碳水化合物,而蛋白质和脂肪含量很低的水果。据分析,其每 100 克可食部分中,含碳水化合物 20 克,蛋白质 1.2 克,无机酸 0.7 克,脂肪 0.6 克,粗纤维 0.4 克,以及维生素和微量元素等人体所需的营养物质。香蕉成熟过程中,果肉的主要变化是淀粉转化成糖。其中葡萄糖、果糖、蔗糖三者的比例为 20:15:65。

3.香蕉具有较高的经济价值

香蕉除含有上述丰富的营养物质外,还有重要的药用价值。香蕉果实是低脂肪、低胆固醇和低盐的食物。钠的含量很少,而钾的含量达 400 毫克/100 克果肉。由于香蕉低脂肪、高能量,所以被推荐给过度肥胖和年老的病人食用。香蕉对患胃溃疡的人也有利。有人说,香蕉能治疗幼儿腹泻和结肠炎等。我国中医也有利用香蕉治病的。香蕉性寒,味甘,具滑大肠、通大便的作用。李时珍在《本草纲目》中说:生食(芭蕉)可以止渴润肺,通血脉,填骨髓,合金疮,解酒毒。根主治痈肿结热,捣烂敷肿;将根捣汁服,可治产后血胀闷、风虫牙痛、天行狂热。叶主治肿毒初发。常食香蕉,对增加食欲,帮助消化,增强体质,提高人体抵抗疾病的能力,都有好处。

香蕉素有"能源应急库"之称。因为香蕉含有葡萄糖、果糖、淀粉、蛋白质、脂肪、胡萝卜素、尼克酸、果胶、维生素 A、维生素 B、维生素 C、维生素 E、钙、磷和铁等矿物质,以及钾、钠等。香蕉中的糖很容易被消化分解为碳水化合物,供人体吸收。常食香蕉有益健康,能缓解过度紧张,且不会使人发胖,是保持身材苗条、肌肤柔润的佳果。香蕉中还含有一种能帮助人的大脑产生 5-羟色胺的物质,这种物质能使人心情愉快,减少忧愁烦恼;所含的磷可以保持人体肌肉和神经的正常功能,还可以避免人体内部过热。与其他营养素不同的是,磷在体内贮留期很短。当人们经过高强度劳动与锻炼后,体内磷的含量会急剧下降,而磷含量的降低又会导致肌肉酸痛、心跳频率紊乱和反应迟钝等症状。因此,常食香蕉,对于防止磷含量的下降是有好处的。香蕉中含的钾有助于预防神经疲劳。香蕉又是患有消化系统肿瘤病人的最好食品,是其惟一可进食的水果。虽然吃香蕉不会完全治愈身体的疾患,但它对人的身体健康确实是有益的。其干叶、茎的甲醇提取物,有抑菌作用。成熟香蕉果肉甲醇提取物的水溶性成分,具有抑制真菌和细菌的作用。

香蕉除直接食用外,也可制成各种香蕉制品,如香蕉炸片、香蕉粉(用熟香蕉磨成粉)、香蕉面(生香蕉制品)、香蕉汁、香蕉酒、香蕉酱及糖水香蕉罐头等。但用于加工的香蕉数量不多,仅占 5%以下。我国云南、广东和海南的有些地方,还把粉蕉的花蕾或幼嫩的茎心作为蔬菜食用。香蕉的假茎纤维,可用做造纸及其他纺织材料,球茎幼嫩的吸芽及花蕾可用做饲料。在湖南,有些农户在房前屋后种有许多 AB 型野生蕉,供冬春季喂猪用。香蕉叶片还可包裹食物。香蕉的假茎及叶片,含钾量较高,将假茎切碎堆沤,施入蕉园,可有效增加土壤有机质含量,提高土壤肥力。从香蕉假茎烧灰过程中提取的一种碱液叫庚油,可作为食物防腐剂和染料的固色剂使用。

4.香蕉生产容易,投产早,产量高,周年结果,经济效益好

种植香蕉用工省,投产早,产量高,能做到周年供应,经济效益高。据我国著名植物学家蔡希陶的计算,一个劳动力全年种植收获的香蕉,可供 30～50 人一年的口粮,在气候、土壤条件特别适宜香蕉生长的地方,甚至可供百人全年的口粮。这是在不靠机械化耕作的情况下,种植其他农作物所不及的。香蕉定植后,一般一年多至两年即有收成,快者当年种植当年就可收获。在良好栽培条件下,香蕉单产可达 30～45 吨/公顷。香蕉的花芽形成,与气候条件没有关系,因此通过调节种植期或留芽时间,可做到周年收获。

(二)香蕉无公害栽培问题的提出

香蕉是一种重要的水果,生产过程中同样存在外源污染物质的进入。一是一些香蕉产区的空气和灌溉水被污染,严重影响香蕉的生长发育。二是香蕉病虫害发生严重,导致农药使用量的增加,农药残留问题突出。对香蕉危害较重的病害,主要有病毒性病害如束顶病和花叶心腐病,真菌性病害如叶斑病和炭疽病等。虫害主要有象鼻虫和花蓟马(俗称叶跳甲)。一些香蕉产区,为防治这些病虫害,每年要多次甚至十多次使用农药。三是一些蕉农,为增大香蕉果实,滥用激素等化学物质,如萘乙酸和 2,4－D 等,影响了香蕉的食用安全性。四是滥用肥料,导致土壤和香蕉果实的污染。例如,农家肥未经发酵直接施用,导致一些病菌直接进入果园土壤,进而危及香蕉的生长发育。

因此,对于香蕉生产的污染问题,必须给予高度的重视。农业部及各香蕉生产区,很重视香蕉无公害生产。农业部先后发布了《无公害食品 香蕉》(NY5021-2001)、《无公害食品 香蕉生产技术规程》(NY5022-2001)和《无公害食品 香蕉产地环境条件》(NY5023-2001)等农业行业标准,为规范香蕉无公害生产奠定了基础。

(三)香蕉无公害栽培的概念

基于我国水果的质量安全状况,我国必须大力发展无公害食品香蕉(以下简称无公害香蕉)生产,以提高香蕉的食用安全性和市场竞争力,保护消费者人体健康,实现香蕉的无公害生产与消费。所谓无公害香蕉,就是指产地环境、生产过程和产品质量,符合国家有关标准和规范的要求,经认证合格获得认证证书,并允许使用无公害农产品标志的未经加工或者初加工的香蕉果实。这里所要符合的标准和规范,系指中华人民共和国农业行业标准《无公害食品 香蕉》(NY5021-2001)(见附录1),以及《无公害食品 香蕉生产技术规程》(NY5022-2001)和《无公害食品 香蕉产地环境条件》(NY5023-2001)等文件,所做出的各项规定。

香蕉无公害栽培,就是要严格按照《无公害食品 香蕉生产技术规程》中有关基地选择和规划、栽植、土壤管理、施肥管理、水分管理、树体管理、病虫害防治和果实采收等技术,进行操作,以生产出安全的无公害香蕉果品。

2002年4月29日,农业部和国家质量监督检验检疫总局,联合发布了《无公害农产品管理办法》(以下简称《办法》,见附录4)。《办法》明确规定了"产地条件与生产管理"、"产地认证"、"无公害农产品认证"、"标志管理"和"监督管理"等有关内容,旨在加强对无公害农产品的管理,维护消费者权益,提高农产品质量,保护农业生态环境,促进农业可持续发展。无疑,《办法》的发布和实施,将在规范和促进无公害香蕉发展中发挥积极的作用。

（四）香蕉无公害栽培的意义

1.发展无公害香蕉生产有利于人体的健康

香蕉是我国重要的水果之一。发展无公害香蕉生产,严格控制污染物进入蕉园和果实,保证香蕉的食用安全,有利于保护消费者人体健康,实现香蕉的无公害生产与消费。

2.发展无公害香蕉生产有利于水果产业的健康发展

香蕉是国际贸易量最大的水果。发展无公害香蕉生产,一方面有利于提高我国香蕉在世界贸易中的地位,增加出口创汇;另一方面,有利于提高香蕉在国内水果业中的竞争力,促进香蕉产业的可持续发展。

3.发展无公害香蕉生产有利于蕉农增加收入

无公害香蕉生产,也是广大蕉农增产增收的一条有效途径。福建省长泰县旺亭村建立了200多公顷无公害香蕉生产基地,户均种植香蕉近0.7公顷,年销售香蕉4万多吨,使香蕉纯收入占全村总收入的90%。同时,旺亭村还注册了"旺头"牌香蕉,发挥品牌效应,成为厦门国际机场的指定产品,并在厦门市区建立了多个供应点。发展无公害香蕉生产,有利于蕉农增加经济收入,推进农村进步,由此可见一斑。

第二章　无公害香蕉产品的质量 标准与质量认证

一、无公害香蕉产品的质量标准

无公害香蕉产品应符合 NY5021－2001 规定的质量要求。

(一)安全卫生指标

无公害食品香蕉的安全卫生项目指标,应符合以下要求:砷含量≤0.5毫克/千克,汞含量≤0.01毫克/千克,铅含量≤0.2毫克/千克,铬含量≤0.5毫克/千克,镉含量≤0.03毫克/千克,氟含量≤0.5毫克/千克,铜含量≤10毫克/千克,乐果含量≤1毫克/千克,甲拌磷含量不得检出,克百威呋喃丹含量不得检出,氰戊菊酯含量≤0.2毫克/千克,敌百虫含量≤0.1毫克/千克,甲胺磷含量不得检出,六六六含量≤0.2毫克/千克,滴滴涕含量≤0.1毫克/千克,倍硫磷含量≤0.05毫克/千克,对硫磷含量不得检出,敌敌畏含量≤0.2毫克/千克,溴氰菊酯含量≤0.1毫克/千克,乙酰甲胺磷含量≤0.5毫克/千克,二嗪农含量≤0.5毫克/千克。

(二)果实品质指标

1. 果实外观

要求梳形好,果指排列整齐,无反梳或三层果现象,微弯,果指长大。春夏蕉果指长 18～20 厘米,正造蕉果指长 20～23 厘米。每梳有果 16～24 果。无病虫害及机械伤疤。青果颜色淡黄绿,后熟颜色金黄。

2. 果实品质

含糖量高,一般为 19% ~ 22%。含可溶性固形物 22% 以上。果肉质地结实,柔滑,溶口,香味浓郁;果皮成熟时剥离不易断。

3. 果实耐贮性

包括青果的耐贮性和熟果的货架寿命。优质的果实,青果耐贮性好,一般常温下可自然放置 10 ~ 12 天,保鲜处理的可存放 30 ~ 40 天。这样,有利于长途运输。催熟后果实货架寿命长,在高温季节为 3 ~ 4 天,在其它季节为 4 ~ 6 天。果指不易脱梳。

二、无公害香蕉产品的质量检验

无公害香蕉产品质量及检验,按 NY5021 – 2001 规定执行。

(一)安全卫生指标检验

无公害香蕉产品的安全卫生指标的检验,按以下规定执行:

砷的测定:按照 GB/T 5009.11 规定执行。

铅的测定:按照 GB/T 5009.12 规定执行。

铜的测定:按照 GB/T 5009.13 规定执行。

镉的测定:按照 GB/T 5009.15 规定执行。

汞的测定:按照 GB/T 5009.17 规定执行。

氟的测定:按照 GB/T 5009.18 规定执行。

铬的测定:按照 GB/T 14962 规定执行。

六六六、滴滴涕的测定:按照 GB/T 17332 规定执行。

氯氰菊酯、氰戊菊酯的测定:按照 GB/T 14929.4 规定执行。

克百威的测定:按照 GB 14877 规定执行。

甲胺磷、乙酰甲胺磷测定:按照 GB 14876 规定执行。

敌敌畏、甲拌磷、乐果、倍硫磷、对硫磷、敌百虫的测定:按照 GB/T 5009.20 规定执行。

二嗪农的测定:按照 GB/T 14929.1 规定执行。

（二）检验规则

1. 组　批

同产地、同品种、同等级和同批收购香蕉为一个检验批次。

2. 抽样方法

按照 GB/T 8855 规定执行。

3. 型式检验

型式检验是对产品进行全面考核，即对本标准规定的全部要求（指标）进行检验。有下列情形之一者应进行型式检验：

第一，申请无公害食品标志或无公害食品年度抽查检验；

第二，前后两次抽样检验结果差异较大；

第三，因人为或自然因素，使生产环境发生较大变化；

第四，国家质量监督机构或主管部门提出型式检验要求。

4. 交收检验

每批产品交收前，生产单位都应进行交收检验。交收检验内容包括感官、包装和标志，检验合格并附有合格证，方可交收。

5. 判定规则

按本标准进行测定，测定结果符合本标准要求的，则判定该批次产品为合格产品。卫生指标有一项指标不合格，则应重复加倍抽样一次复检，如仍不合格，则判定该批产品为不合格。标志不合格，则判定该批产品为不合格。

（三）无公害香蕉产品的标志

使用无公害香蕉的标志，应符合 GB 7718 的规定。检验合格的无公害香蕉，其包装物上应有明显的无公害食品专用标志。

三、无公害香蕉产品的质量认证

为了维护无公害香蕉产品的信誉，保证其产品认证结果的科学和公正,保护广大消费者的利益,促进香蕉无公害生产的健康发展,就应按照无公害农产品质量标准和认证程序,对无公害香蕉产品市场进行规范化管理,对无公害香蕉产品实行质量认证制度。

按照规定,凡具备无公害香蕉生产条件的单位和个人,都可以通过当地有关部门,向省级无公害农产品管理部门,申请无公害农产品产地认证,并提交相关的材料。申请人要据实填写无公害农产品申请书、申请人基本情况及生产情况调查表,提供产品注册商标文本复印件,以及当地农业环境监测机构出具的初审合格证书等材料。

省级无公害农产品管理部门,收到申请后,要组织有资质的人员进行审查。在确认申请人材料基本符合条件后,即委托省级农业环境保护监测机构,对产地进行现场检查和抽样检验,对符合要求者,进行全面评价,做出认定终审结论。对符合颁证条件的,颁发《无公害农产品产地认定证书》。

无公害农产品认证工作,由国家农业部产品质量安全中心承担。申请无公害香蕉产品认证的单位和个人,通过省级农业行政主管部门或直接向农产品质量安全中心申请产品认证,并提交《无公害农产品产地认定证书》复印件等材料。产品质量安全中心对材料审查、现场检查(需要的)和产品检验符合要求的,进行全面评审后做出认证结论,对符合者颁发《无公害农产品认证证书》。

申请人在取得《无公害农产品认证证书》和无公害产品标志后,应在产品说明书和包装上,标明无公害农产品标志、批准文号、产地和生产者等情况。说明文字应清晰、完整、准确和简明。

无公害农产品标志和证书,有效使用期为三年。使用者必须严格履行无公害农产品标志使用协议书,并接受环境和质量检测部门的定期抽检。

第三章 香蕉无公害栽培的环境条件

安全适宜的产地环境条件,是生产无公害香蕉的基础和前提。所谓产地,是指具有一定面积和生产能力的栽培香蕉的土地。所谓环境条件,是指影响香蕉生长和质量的空气、灌溉水和土壤等自然条件。为发展无公害香蕉生产,我国于2001年发布实施了农业行业标准《无公害食品 香蕉产地环境条件》(NY5023-2001)。根据该标准,无公害香蕉产地和环境条件,包括产地选择、产地环境空气质量、产地灌溉水质量和产地土壤环境质量四个方面。

一、产地选择的条件

(一)地址条件

无公害香蕉产地,应选择在生态条件良好,远离污染源,并具有可持续生产能力的农业生产区域。具体地说,就是无公害香蕉的产地,要选在香蕉的生态最适宜区或适宜区(表3-1),并远离城镇、交通要道(如公路、铁路、机场、车站和码头等)及工业"三废"排放点,且有持续生产无公害香蕉能力的地方。

表 3-1 香蕉生态区域区划的气温指标 (王泽槐,2000)

生态区域	年平均温度 (℃)	≥10℃的年积温 (℃)	1月份平均气温 (℃)	极端最低气温 多年平均值 (℃)
最适宜区	22.8	8300	15.5	2.6~6.2
适宜区	21.8~22.7	7800~8200	13.5~15.4	3.2

续表 3-1

生态区域	年平均温度 （℃）	≥10℃的年积温 （℃）	1月份平均气温 （℃）	极端最低气温 多年平均值 （℃）
次适宜区	20.8～21.7	7500～7700	12～13.4	1.9
不适宜区	20.7以下	6000～7000	＜12	≥1

（二）气象与土壤条件

1.温 度

香蕉是常绿性的多年生大型草本植物,整个生长发育期都要求高温多湿。香蕉分布区,大多年平均气温在21℃以上,少数为20℃左右。香蕉要求生长温度为20℃～35℃,最适宜为24℃～32℃,最低不小于15.5℃。香蕉怕低温,忌霜雪,耐寒性比大蕉、粉蕉弱,生长受抑制的临界温度为10℃,降至5℃时叶片受冷害变黄,1℃～2℃时叶片枯死。果实在12℃时即受冷害,催熟后果皮色泽灰黄,影响商品价值。香蕉在生长的不同阶段,各种器官受冷害反应不同。果实在5℃温度下时间稍长一些,也会受冻伤,幼果表皮组织被破坏,变黄褐和软腐。受冻果实因原生质遭破坏,且果皮又含有很多的氧化单宁,故果实不能催熟,不宜食用。但如幼果已长成50%～70%的饱满度,则抵抗力稍强。轻霜对叶片的危害较果实重。但遇到寒风冷雨时,则果实比叶片易受害。幼小的植株因受母株遮挡保护,霜冻时受害较轻,特别是未展开大叶的吸芽,耐寒力较强。成长的植株,尤其是在抽花序前后,最易受霜冻。

2.土壤与水分

香蕉根群细嫩,对土壤的选择较严。通气不良、结构差的黏重土,都不利于根系的发育,以黏粒含量＜40%、地下水位在1米以下的砂壤土,尤以冲积壤土或腐殖质壤土为适宜。实践证明,如土壤物理性状不好,即使肥水供应十分充足,也难以促进香蕉正常生长。土壤 pH 值在 4.5~7.5 范围内都适宜,以 6.0 以上为最好,因 5.5 以下土壤中镰刀菌繁殖迅速而凋萎病易于侵害。碱性环境香蕉虽不甚敏感,但土壤含可交换性钠离子若超过 300 毫克/升时也不适宜。香蕉的叶片宽大,生长迅速,且生长量大,故要求大量的水分。降水量以每月平均 100 毫米最为适宜,低于 50 毫米即属干燥季节,香蕉因缺水而抽蕾期延长,果指短,单产低。但是,如果蕉园积水或被淹,轻者叶片发黄,易诱发叶斑病,产量下降;重者根群窒息腐烂,以致植株死亡。

3.光　照

香蕉生长发育需要充足的光照,特别在花芽形成期、开花期和果实成熟期,要求日照时数多,并有阵雨为适宜。在温度高和光照充足的条件下,果实生长快而整齐。但如光照过于强烈,香蕉受旱害,则果实易发生日灼病。香蕉属丛生性植物,彼此间造成适当荫蔽的环境,则生长良好,故可适当密植。

4.风

香蕉叶片大,假茎质脆,根浅生,容易遭受风害。风速大于 25~30 千米/小时,叶片会被撕烂,叶柄会被吹折;风速在 65 千米/小时以上时,假茎会被折断或整株被吹倒;风速在 100 千米/小时以上时,能将整个蕉园摧毁。在南部沿海地区,每年从 5 月份开始至 10 月份,都要遭受台风的威胁,常使蕉园受损。因此,沿海蕉园最好要配套栽植防风林。

二、产地环境空气质量

无公害香蕉的产地环境空气质量,包括总悬浮颗粒物、二氧化硫、二氧化氮和氟化物,共四项衡量指标。按标准状态计,四种污染物的浓度,不得超过表 3-2 的规定限值。这些限值均采用农业行业标准《无公害食品 香蕉产地环境条件》(NY5023－2001)中四种污染物的标准值。

需要特别注意的是,根据国家标准《保护农作物的大气污染物限值》(GB 9137－1988),对于二氧化硫和氟化氢,香蕉均属敏感作物,空气中二氧化硫和氟化氢浓度偏高,将影响香蕉的正常生长,造成急性或慢性伤害。

表 3-2 无公害香蕉产地环境空气中污染物的浓度限值

项 目		浓度限值	
		日平均[a]	1h 平均[b]
总悬浮颗粒物	≤	$0.30mg/m^3$	—
二氧化硫	≤	$0.15mg/m^3$	$0.50mg/m^3$
二氧化氮	≤	$0.12mg/m^3$	$0.24mg/m^3$
氟化物	≤	$1.80\mu g/(dm^2 \cdot d)$	

a 日平均是指任何一日的平均浓度
b 1h 平均是指任何一小时的平均浓度

三、产地灌溉水质量

无公害香蕉的产地灌溉水质量,包括 pH 值、总汞、总镉、总砷、总铅、六价铬、氟化物、氰化物和石油类共九项衡量指标。其中,pH 值要求在 5.5～7.5 之间;总汞、总镉、总砷、总铅、六价铬、氟化物、氰化物和石油类等八种污染物的浓度,不得超过表 3-3 的规定限值。九项指标均采用农业行业标准《无公害食品 香蕉产地环境条件》(NY5023－2001)的标准值。

表3-3 无公害香蕉产地灌溉水中污染物的浓度限值

项 目		浓度限值
pH值		5.5 ~ 7.5
总 汞	≤	0.001 mg/L
总 镉	≤	0.005 mg/L
总 砷	≤	0.10 mg/L
总 铅	≤	0.10 mg/L
六价铬	≤	0.10 mg/L
氟化物	≤	3.0 mg/L
氰化物	≤	0.50 mg/L
石油类	≤	10 mg/L

四、产地土壤环境质量

无公害香蕉的产地土壤环境质量,包括六项衡量指标,即类金属元素砷和镉、汞、铅、铬、铜等五种重金属元素。各种污染物对应不同的土壤 pH 值(pH < 6.5、pH6.5 ~ 7.5 和 pH > 7.5),有不同的含量限值(表3-4)。六项指标均采用农业行业标准《无公害食品香蕉产地环境条件》(NY5023 – 2001)的标准值。

表3-4 无公害香蕉产地土壤环境中污染物的含量限值
(单位:毫克/每千克)

项 目		浓度限值		
		pH值 < 6.5	pH值 6.5 ~ 7.5	pH值 > 7.5
镉	≤	0.30	0.30	0.60
总 汞	≤	0.30	0.50	1.00
总 砷	≤	40	30	25
铅	≤	250	300	350
铬	≤	150	200	250

续表 3-4

项　　目		浓　度　限　值		
		pH 值 < 6.5	pH 值 6.5 ~ 7.5	pH 值 > 7.5
铜	≤	150	200	200

五、环境检测及采样

(一)检测方法

　　为确保无公害香蕉产地不受到环境污染,在香蕉栽植前及栽植后的生产过程中,应对香蕉园大气、灌溉水和土壤的环境质量,进行定期监测,只有三个方面均符合标准要求,才能确定为无公害香蕉生产基地。根据农业行业标准《无公害食品　香蕉产地环境条件》(NY5023 – 2001),无公害香蕉产地环境空气质量、产地灌溉水质量和产地土壤环境质量,应按表 3-5 中规定的标准和方法进行监测。

表 3-5　无公害香蕉产地环境质量检测方法

指　标		执行标准编号	标准名称
空　气	总悬浮颗粒物	GB/T 15432	环境空气　总悬浮颗粒物的测定　重量法
	二氧化硫	GB/T 15262	环境空气　二氧化硫的测定　甲醛吸收 – 副玫瑰苯胺分光光度法
	二氧化氮	GB/T 15435	环境空气　二氧化氮的测定　Saltzman 法
	氟化物	GB/T 15433	环境空气　氟化物的测定　滤膜 – 氟离子选择电极法

续表 3-5

指 标		执行标准编号	标准名称
农田灌溉水	pH 值	GB/T 6920	水质　pH 值的测定　玻璃电极法
	六价铬	GB/T 7467	水质　六价铬的测定　二苯碳酰二肼分光光度法
	总　汞	GB/T 7468	水质　总汞的测定　冷原子吸收分光光度法
	铅	GB/T 7475	水质　铜、锌、铅、镉的测定　原子吸收分光光谱法
	镉	GB/T 7475	水质　铜、锌、铅、镉的测定　原子吸收分光光谱法
	氟化物	GB/T 7484	水质　氟化物的测定　离子选择电极法
	总　砷	GB/T 7485	水质　总砷的测定　二乙基二硫代氨基甲酸银分光光度法
	氰化物	GB/T 7487	水质　氰化物的测定　第二部分：氰化物的测定
	石油类	GB/T 16488	水质　石油类和动植物油的测定　红外光度法
土　壤	总　砷	GB/T 17134	土壤质量　总砷的测定　二乙基二硫代氨基甲酸银分光光度法
	总　汞	GB/T 17136	土壤质量　总汞的测定　冷原子吸收分光光度法
	铬	GB/T 17137	土壤质量　总铬的测定　火焰原子吸收分光光度法
	铜	GB/T 17138	土壤质量　铜、锌的测定　火焰原子吸收分光光度法

续表 3-5

指 标		执行标准编号	标准名称
土 壤	铅	GB/T 17141	土壤质量 铅、镉的测定 石墨炉原子吸收分光光度法
	镉	GB/T 17141	土壤质量 铅、镉的测定 石墨炉原子吸收分光光度法

(二)采样方法

空气环境质量监测采样,按农业行业标准《农区环境空气质量监测技术规范》(NY/T 397)执行。

灌溉水质量监测采样,按农业行业标准《农用水源环境质量监测技术规范》(NY/T 396)执行。

土壤环境质量监测采样,按农业行业标准《农田土壤环境质量监测技术规范》(NY/T 395)执行。

(三)环境监测与保护

无公害香蕉园的环境条件,必须有健全的监测制度和执行制度,定期进行检测。如发现不符合无公害香蕉环境标准的,要取消无公害香蕉的认证,以保证无公害香蕉的食品安全和质量要求。同时,要加强对蕉农环保意识的教育,严格控制剧毒、高毒、高残留和致癌、致畸、致突变的非无公害农药和化学物质的使用,确保香蕉的无公害生产。

第四章　香蕉无公害高产优质栽培管理

一、香蕉优良品种的选择

(一)香蕉的植物学分类

香蕉(*Musa* SPP.),在植物学分类上属于芭蕉科(Musaceae),芭蕉属(Musa)。栽培的香蕉(*Musa nana* Lour),它由裹得很紧的叶鞘构成假茎。基部稍为膨大,吸芽和真茎从膨大的地下茎发出。该属有五个区,其中四个区的花序是直立的,在第五个区真芭蕉(*Emusa*)中,花序是向下垂悬的。

食用蕉,包括绝大多数的真芭蕉和少量的菲蕉(*Fe's banana*)。菲蕉属于奥蕉系列(*Australimusa Series*),其果穗花蕾是直立的,汁液粉红色,基本染色体数 n = 10,世界上极少栽培。真芭蕉的花序是向下弯的,汁液呈乳汁或水状,基本染色体数 n = 11,是普遍栽培的食用蕉,也就是广义上所说的香蕉。此外,人们在长期的生产过程中,根据用途将香蕉划分为三类。第一类为观赏用香蕉,如美人蕉和指天蕉;第二类为纤维用香蕉,如麻蕉;第三类为食用香蕉,指当今栽培的香蕉品种。食用香蕉,又分成鲜食香蕉(desert banana)、煮食香蕉(cooking banana)和菜蕉(Plantain)三类。需特别指出的是,国外所用的 Plantain,常被译成大蕉,但这个大蕉是指 AAB 组中的大蕉亚组,包括法国大蕉和牛角大蕉,果实含淀粉量高,不煮熟不能食用,不同于我国分类中所说的大蕉。我国所指的大蕉属 ABB 组,国外常归为煮食香蕉。因此,本书将它译成菜蕉,以示区别,因我国目前并无菜蕉栽培。

香蕉有两个祖先,即尖叶蕉(*Musa acuminata*)和长梗蕉(*Musa balbisiana*)。香蕉栽培品种,就是这两个原始野生蕉种内或种间杂交后代进化而成的。我们把含有尖叶蕉性状的基因称为 A 基因,把含有长梗蕉性状的基因称为 B 基因。西蒙氏等人采用的 15 个香蕉性状,对照尖叶蕉和长梗蕉的性状的记点法,完全符合每一个尖叶蕉性状的为 1 分,完全符合每一个长梗蕉性状的为 5 分,根据其分类值,参照其染色体数,将栽培香蕉分为 AA,AAA,AAAA,AAB,AAAB,AABB,AB,ABB,BB,BBB 等组。其中 AAA,AAB 分布最广,栽培最多,种类也繁多。ABB,BBB,AA 等在一些国家的栽培也不少,而 AAAA,AAAB,AABB 是人工育成的。

这些栽培蕉中,果实风味以 AA,AAB 组中的一些鲜食栽培品种为最好,其次是 AAA 组的栽培品种,ABB,BBB 及 AAB 组中的多数栽培品种品质风味较差,多以煮食为主。在丰产性方面,以 AAA 组的香牙蕉最好,大密啥类也不错。AA 组的品种则较低产。在抗逆性方面,一般含 B 基因的抗逆性较好,如抗寒性、抗旱性及抗涝性等,BBB,ABB 比 AAB 好,比 AAA 更好,最差是 AA 型的品种。而在 AAA 组中,香牙蕉比大密啥、红绿蕉类品种抗性好些。在抗病性方面,则依病原不同而异。

(二)香蕉的主要类型

我国目前香蕉栽培品种不多,常将食用香蕉分为香牙蕉(亦简称香蕉)、粉蕉、龙牙蕉和大蕉四大类(品种群)。主要根据假茎的颜色,叶柄沟槽、果实形状、果轴茸毛、果肉风味和胚珠等来区分(表 4-1)。

表 4-1　四种栽培蕉的形态区别　（曾惜冰,1990）

项 目	香牙蕉	大 蕉	粉 蕉	龙芽蕉
假 茎	有深褐黑斑	无黑褐斑	无黑褐斑	有紫红色斑

续表 4-1

项 目	香牙蕉	大 蕉	粉 蕉	龙芽蕉
叶柄沟槽	不抱紧,有叶翼	抱紧,有叶翼	抱紧,无叶翼	稍抱紧,有叶翼
叶基形状	对称楔形	对称心脏形	对称心脏形	不对称耳形
果轴茸毛	有	无	无	无
果实形状	月牙弯,浅棱、细长	直,具棱,粗短	直或微弯,近圆,短小	直或微弯,近圆,中等长大
果 皮	较厚,绿黄至黄色	厚,浅黄至黄色	薄,浅黄色	薄,金黄色
肉质风味	柔滑香甜	粗滑酸甜无香	柔滑清甜	实滑酸甜微香
肉 色	黄白色	杏黄色	乳白色	乳白色
胚 珠	2行	4行	4行	2行

1. 香牙蕉

香牙蕉,又名华蕉(*AAA . Cavendish*),简称香蕉。是目前中国蕉类栽培面积最大、产量最多的品种群。株高 1.5～4 米,假茎黄绿色带有深褐黑斑,幼芽绿而带紫红色。叶片较宽大,先端圆钝,叶柄粗短,叶柄沟槽开张向外卷,叶片基部对称而斜向上,有叶翼。果轴下垂,上有茸毛;花苞片高窄,长卵形,先端锐尖,花苞片外部紫褐色,内部暗红色;小果向上弯曲生长,幼果横切面多为五棱形,胎座维管束有 6 根。成熟时棱角小而近圆形,果皮黄绿色。在气温 25℃以下成熟的果实,其果皮为黄色;而在高温的夏秋季节,气温超过 25℃,自然成熟的果实,果皮为黄绿色。果肉黄白色,三心室易分辨,无种子。果肉清甜,有浓郁香味,品质佳。该类品种耐寒、耐旱力较差,对大气氟污染比较敏感,抗风、抗寒、耐旱能力较粉蕉、大蕉差。一般株产量为 15～30 千克,高的达 60～70 千克。

香牙蕉是我国主要栽培的品种群,经劳动人民长期栽培,出现了许多品(变)种,有些变种成了栽培品种。对香牙蕉栽培品种的分类,西蒙氏(1955,1966)根据茎干的高度、叶形及苞片是否宿存,分为矮干香牙蕉、粗把香牙蕉、茹巴斯打(Robusla)和绿熟蕉(Pisang masak hijan)四个主要品系。前两个品系,雄花苞片部分宿存,植株矮和中矮;后两者雄花苞片脱落,植株中高和高大。斯头佛和西蒙氏(1987)将上述四个品系中的茹巴斯打,合并于粗把香牙蕉中,而新增一个植株高度介于粗把香牙蕉和矮干香牙蕉的大矮蕉及尤麦拉类品系。李丰年(1993)根据株高、茎形比、叶形比和果指形状等性状,在西蒙氏所分品系的基础上,将我国香牙蕉分为高干、中干、矮干三大类,矮脚矮干、中脚矮干、高脚矮干、矮脚中干、中脚中干、高脚中干、矮脚高干及高脚高干八个品种。

本书按照干高、茎形比、叶形比、果指性状等综合上述三种分类法及栽培上的重要性,将我国(及引进)香牙蕉分为高干、中干、矮干三大类,又将中干香蕉分为高把、中把、中矮把三个品系,因此共有五个品系。从栽培学分类上,也就是五个品种。其中高干品种相当于西蒙氏的绿熟蕉,高把品种相当于茹巴斯打,中把品种相当于粗把香牙蕉(Giant cavendish),矮干品种相当于矮干香牙蕉(dwavf cavendish),而中矮把品种相当于斯头佛等的"大矮蕉"类(grand naine)。其主要品种特性及所包括的地方栽培品种如下:

(1)高干品种 株型高大,干高 3.2～4.5 米,茎形比为 5.3～8.4。叶片窄长,叶形比在 3 以上。雄花苞片脱落。梳数、果数较少,梳形好,果指长大较直。丰产稳产性能好。在良好的栽培条件下,株产量在 20～30 千克,高产者可达 50～60 千克。该类型品种适宜在土层深厚、排水性能好的冲积土或砂壤土的园地种植。但抗风性较差。该类品种有广东的高脚逦地蕾、齐尾和高把高;广西的玉林高脚和龙州高脚;云南的云南高脚等栽培品种。

(2)高把品种 株型中高。干高2.7~3.2米,茎形比为4.5~5.3,叶片较长大,叶形比为2.4~3,雄花苞片脱落。果穗较长,中等大,梳数较多,果数稍少,梳形较好,果指较长大稍直,抗风性较差。该类品种有广东的大种高把、油蕉、黄把头、矮脚遁地蕾和潮安高把;云南的河口高把;广西的南宁高把和玉林高把;台湾的仙人蕉和台蕉1号;国外的波约、茹巴斯打、伐来利和高把威廉斯等。

(3)中把品种 株型中等。干高2.3~2.8米,假茎上下较均匀粗壮。茎形比为3.9~4.5,叶片中等长较大,叶形比为2.2~2.6。雄花苞片部分宿存。梳数、果数较多,果指中等长大,果形稍弯,适应性较广。该类品种有广东香蕉2号、福建天宝高脚蕉、广西中把、龙州中把、中把威廉斯、门斯马利、亚美利加尼亚、东莞中把、中山黑脚芒、云南的河口中把和台湾的北蕉等。

(4)中矮把品种 株型中矮化。干高2~2.4米,假茎上下较均匀,粗壮。茎形比为3.5~3.9,叶形比为2.1~2.3,雄花苞片部分宿存。梳数、果数较多,果排列较密,生长期较短,抗风性、丰产性较好。但对土壤水分较敏感。该类品种有广东香蕉1号、大种矮把、中山芽蕉、潮安矮把、顺德中把密轮、海南赤龙矮把、云南上允矮把和河口矮把,台湾外引的BF香蕉、大矮蕉、尤麦拉和矮性伐来利等栽培品种。

(5)矮干品种 株型矮小。干高1.3~2米,假茎上下均匀,粗壮,茎形比为2.5~3.5,叶片短阔,叶形比为1.8~2.1。雄花苞片部分宿存。梳数较少而果数较多,果指较短小弯曲,果梳、果指排列紧密。生长期稍短,抗风性强,冬季抽蕾易出现"指天蕉"。该品种国内外分布最多,目前除印度栽培较多外,其它地方已渐淘汰。我国主要有阳江矮、高州矮、浦北矮、天宝矮、潮安矮、文昌矮、陵水矮、红河矮、河口矮、开远矮、赤龙矮和那龙矮等地方品种。

2.大蕉(ABB 群)

大蕉,北方称芭蕉。根据植株的形态特征和果实的形状与颜色,可分为大蕉和灰蕉两大类。

(1)大蕉 又名柴蕉(福建)、鼓槌蕉(广东)、牛角蕉(广西)或板蕉(四川)。植株高大粗壮,假茎高度在 1.8~4.5 米,茎干周长 0.55~0.90 米。假茎青绿色或深绿色,无黑褐斑或褐斑不明显。叶柄长,无叶翼,叶柄沟槽闭合,叶基部对称或略不对称;叶片宽大而厚,深绿色,叶背主脉披白粉。花苞片宽卵形或长卵形,张开后不向上卷或向上反卷;果轴光滑无毛;果柄长;果指较大而直,果实棱角明显,呈 3~5 棱,果皮厚而韧,果实自然成熟时果皮呈黄色;果实偶有种子,味甜带酸,无香味。在广东,大蕉类可分为高型、中型、矮型三个品系。其中以中型大蕉品系产量最高。在蕉类品种中,以大蕉分布范围最广。其抗旱、抗寒、抗风、抗病以及对大气氟污染的忍受能力,都比粉蕉和香牙蕉强。

(2)灰蕉 又名牛奶蕉、粉大蕉。植株瘦高,假茎高度为2.3~3.5 米,茎周长 0.65~0.80 米。叶柄细长,黄蜡色。叶柄和叶基部边缘有红色条纹。嫩叶和幼苗叶筋带淡红色,叶柄沟槽一般闭合;叶背、叶鞘披白粉。幼苗假茎多白粉。果形直,棱角明显,果皮较厚,带白粉。果肉柔软,乳白色,故名牛奶蕉,味甜稍带有香味。其它性状与大蕉相似。

3.粉蕉(ABB 群)

粉蕉,又称糯米蕉、粉沙蕉、西贡蕉或蛋蕉等。植株高大粗壮,假茎高度在 3.5 米以上,茎干周长 0.75~0.85 米,淡黄绿色而有少量紫红色斑纹。叶狭长而薄,淡绿色,先端稍尖,基部对称;叶柄及基部披白粉,叶柄长而闭合,无叶翼。果轴无茸毛;果形偏直间微弯,两端钝尖,成熟时棱角不明显;果柄短,果身也较短,花柱宿存;果皮薄。果肉乳白色,汁少,紧实柔滑,肉质清甜微香,后熟果皮浅黄色。冬季成熟的果实质量稍差。一般株产量为 10~20 千克,高产者可达 25~30 千克。其对土壤适应性及抗逆性仅次于大蕉,但易感巴拿马枯萎病,也易受卷叶虫危害。

4.龙牙蕉(AAB 群)

龙牙蕉,又称过山香或过山蕉(广东)、美蕉(福建)、象牙蕉(四川)或打黑蕉(海南)。植株较瘦高,假茎高度为 2.8~4.0 米,淡黄绿色,具少数棕色斑点及紫红色条纹。叶狭长,茎部两侧呈不对称的楔形;叶柄边缘淡红色,叶柄细长,有叶翼,叶柄与假茎披白粉。花苞表面紫红色,披白粉。果轴有茸毛;果实近柱形,肥满,直或微弯,胚珠两行;花柱宿存;果皮薄,后熟颜色金黄,果皮易纵裂,果指易脱梳,果肉后熟比果皮转色稍慢。果肉质地柔软,甜或微带酸,有特殊风味,品质中上。株产量为 10~20 千克。既易感巴拿马枯萎病,也易受象鼻虫和卷叶虫危害。该类型品种抗寒、抗风能力较大蕉差,但稍优于香牙蕉。果实不耐贮运。

(三)我国香蕉的主要栽培品种

我国的香蕉,除小面积分散栽培的大蕉、粉蕉和龙牙蕉外,商业性栽培的绝大多数是香牙蕉。栽培较多或重要的品种如下:

1.台湾蕉(台湾北蕉)

台湾蕉,是福建省闽南地区主要优良品种之一。系 1935 年从台湾引进的台湾北蕉的后代。假茎高 2.5~3.5 米,周长 0.60~0.85 米,茎干粗壮。叶片既宽又长。果指多且肥大,蕉果弓形,熟时蜡黄色,鲜艳夺目,果味香甜可口。该品种喜温,耐湿,高产。单株产量为 20~30 千克,高的可达 35~45 千克。其缺点是抗寒、抗风和抗病力较差,高温炎热季节容易得日灼病。其中台蕉 1 号(215 号品系)是从台湾北蕉组培苗筛选出来,对黄叶病呈中抗性,黄叶病发病率仅为 4.8%,而北蕉为 39.1%。植株较台湾北蕉约高 10 厘米。假茎较细小,叶片也较狭长,老叶边缘常有枯干现象,顶端叶片在冬季较易裂开。果房上下整齐,含糖量比北蕉稍高,产量比北蕉稍低,但外销合格率较高。其缺点是果皮较易患水锈病。

2.大种高把

大种高把,属高把香牙蕉。广东省东莞市香蕉主要优良品种之一,亦是外销创汇品种,在珠江三角洲广泛种植。植株高大粗壮,假茎高度为 2.6 ~ 3 米,茎形比为 4.57。叶较长大,叶形比为 2.5,叶距较疏。叶柄长且粗,叶柄中肋披白粉。果轴粗大,果梳数较多,果较饱满,中等长。果实生长期稍短。株产量一般为 20 ~ 30 千克,高产者达 50 千克。果实品质好。植株耐肥,耐湿,耐旱,耐寒力也较好,受霜冻后恢复生长快,但抗风力较差。该品种有青身高把(大叶青)和黄身高把(黄把头)两个品系,前者雪蕉产量较高,后者正造蕉较高产。

3.大种矮把

大种矮把,属中型品种。是广东珠江三角洲主要优良品种。假茎高度为 2.0 ~ 2.5 米。叶片较短宽,叶鞘距离较密,叶柄短,叶柄和叶背披白粉,果轴较粗短,果段较密,每段果数较少,果指长 18 ~ 20 厘米,品质以正造蕉为优良,产量也较高,但不如大种高把,一般株产量为 18 ~ 25 千克。植株受霜冻后恢复生长较快。该品种抗风能力较强。

4.高脚顿地雷

高脚顿地雷,属高干香牙蕉,为广东省高州市的良种之一。株型高大,假茎高度为 3 ~ 4 米,上粗下细明显。茎形比为 6.63。叶片细长,叶形比为 3.26,叶柄长,叶距大。果穗匀称,中等长大。梳距较大,梳数、果数较少。果实长大,果指长 20 ~ 25 厘米。单果重 150 克以上,果实外观好,品质佳。株产量一般为 25 ~ 30 千克,个别的可达 70 千克。对土壤、肥水要求较高,条件差时表现不佳。在珠江三角洲等地表现低产。抗风力极差,受霜冻后较难恢复生长,易感染束顶病。该品种有立叶和垂叶两个品系,前者较高产。

5.广东香蕉1号

广东香蕉1号(原74－1),属中矮把香牙蕉。是广东省农业科学院果树研究所,从高州矮香蕉品种中选育出来的优良品种。假茎高度为2～2.4米,假茎粗壮,上下较匀称,茎形比为3.92。叶片较短阔,叶形比为2.25。果穗中等长大,果数较多,果梳较密,果指长17～22厘米,单果重100～130克,品质中上。株产量为18～25千克,正造果产量高。抗风力、抗寒力较强,较抗叶斑病。对土壤、肥水条件要求较高,适宜在沿海地区栽培。

6.广东香蕉2号

广东香蕉2号(原63－1),属中把香牙蕉。系广东省农业科学院果树研究所,从越南香蕉品种中选育出来的优良品种。假茎高度为2.2～2.65米,茎形比为4.3。叶片稍短阔,叶形比为2.38。果穗较长大,梳数、果数较多,株产量为22～32千克。果形好,果梳较整齐,果指稍细长,为19～23厘米。品质中上等。抗风力较强,抗寒力中等,受冻后恢复生长快。适应于各蕉区栽种,对土壤、水分要求也稍高。

7.天 宝 蕉

是福建省闽南地区主要优良品种之一。植株较矮化,一般假茎高度为1.6～2.0米。叶柄较粗短,叶背披白粉,花苞片表面紫红色,间杂橙黄斑纹。果指中等长,果皮薄,果肉淡黄色,果实质地柔软,清甜浓香,果实中间无海绵状芯,品质上等。在正常的情况下,产量为22.5～30.0吨/公顷,高产者达45.0吨/公顷。该品种耐肥,抗风力较强,但耐寒力和抗病力较差。目前,当地已选育出适应性较强、产量较高的高种天宝蕉,其假茎高度在2.0～2.2米。

8.那龙香牙蕉

那龙香芽蕉,是广西那龙县主要优良品种,属中矮品种。其假茎高度为2米左右。叶大而厚,叶柄短,假茎紫红带绿。果穗长,产量高,最高株产量可达50千克以上。产量及品质以正造蕉较为理想。该品种对肥水需求量较多,抗风力较强,耐寒力较差。该品种有大种矮把和普通矮把两个品系,前者产量较高。

9. 齐 尾

齐尾,属高干香牙蕉。主要分布于广东省高州市。假茎高度为3~3.6米,上下较匀称,茎形比为6.0。叶长大,叶形比为3.06,叶片较直立,叶柄较细长,叶片密集成束。尤其是在抽蕾前后,叶丛生成束的现象较明显,因而得名。株产量为20~28千克,正造果产量较高。果穗较长大,果数较多,果指长18~22厘米。单果重130~140克。宿根蕉在冬春季低温时,常有抽不出蕾的现象。对肥水条件要求较高,抗风、抗寒能力较差。该品种有高脚齐尾和矮脚齐尾两个品系。

10. 矮脚顿地雷

矮脚顿地雷,属中把香牙蕉,是广东省高州市的主栽良种之一。假茎高度为2.3~2.5米,茎形比为4.51。叶片较长,叶柄较短,叶鞘距离较密,叶形比为2.46。果穗较长,梳数、果数较多,果指长18~22厘米。果实风味佳,抽蕾期较早,丰产稳产。一般株产量为15~20千克,高者达50千克。抗风力中等。耐寒力较强,霜冻后恢复生长快,适应性较广。

11. 油 蕉

油蕉,属高把香牙蕉,是广东省东莞市主要优良品种之一,从大种高把突变而成。假茎高度为2.5~3.1米,茎形比为4.62。叶柄及叶脉带淡红色,叶柄较短粗。果皮较厚,深绿色有蜡质油光,梳距密,梳形好。果实发育期比大种高把长15~20天。后熟转黄约迟一天,颜色稍暗。果实较耐黑星病,耐贮性和耐寒性较好;果指肥满、粗短,后期易出现裂果。植株粗壮,抗风力较强,但假茎的耐寒力稍差。对土壤、肥水条件要求较高。依果实蜡质油光深浅,分黑油身和白油身两个品系,后者果指较长,产量较高。

12. 东莞中把

东莞中把,属中把香牙蕉,是珠江三角洲近十几年栽培较多的地方良种。其假茎高度为 2.2~2.5 米,茎形比为 3.77,叶形比为 2.25。一般株产量为 18~28 千克。果指长 18~20 厘米,耐风,也较耐叶斑病。

13. 河口香蕉

河口香蕉,是云南省主要优良品种。植株生长健壮,假茎高度为 1.5~2.5 米,茎周为 0.80~0.90 米;叶柄短而粗,叶基部和叶鞘披白粉,叶缘和翼叶带紫红色。花苞暗紫色,有蜡粉。果柄短,果肉柔滑而香甜,品质佳。一般株产量为 20~25 千克,高者可达 50 千克。本品种如果肥水不足,产量不如其它品种高。河口香蕉尚有高秆品系,假茎高度为 2.8~3.0 米。叶柄较长,叶鞘距离较疏。

14. 开远香蕉

开远香蕉,是云南省主栽香蕉品种。其假茎高度为 1.9~2.1 米,假茎色泽黑褐色。叶片绿色,主脉黄绿,叶背披白粉。花苞暗紫红色披蜡粉。果指中等长,果实两端弯曲,果面有棱,味香甜,品质中上等。在良好的栽培条件下,产量较高。该品种有矮秆和高秆两个品系。矮秆品系的假茎高度仅为 1 米左右;高秆品系的假茎高度为 3.3 米。

15. 威廉斯

威廉斯,为 1981 年从澳大利亚引入广东的优良品种,属中把香牙蕉。其假茎高度为 2.5~2.8 米,假茎稍细,茎形比为 4.7。叶片较长而稍直立,叶形比为 2.5。果穗较长,中等大,梳数较多,果数稍少,梳距较大,梳形较好。果指较长大,为 19~23 厘米。品质中等。株产量为 20~30 千克,高者可达 40 千克。该品种具有果实外观好,果穗整齐,丰产稳产等特点,为目前试管苗中种植面积最大的品种之一。但抗风力较差,苗木种植初期易感染花叶心腐病。组培苗的变异率较其它品种高。广东省新会水果试管苗开发基地,从威廉斯的优良变异株中,选育出了"8818",目前该品种在当地的推广面积仅次于巴西蕉。

16.巴西蕉

巴西蕉,为1989年从南美洲引入的品种组培苗筛选出的优良株系,原编号为西－1。属高把香牙蕉。其假茎高度为2.6～3.2米,假茎上下较粗,叶片较细长直立。果穗较长,梳形、果形较好。果指长19～23厘米。株产量为20～30千克,高者可达50千克。在广东珠江三角洲及高州市种植,表现优质丰产。巴西蕉是近年来较受欢迎的春夏蕉品种。

17.墨西哥蕉

墨西哥蕉,于1976年从墨西哥引入广东省农业科学院果树研究所。其假茎高度为1.6～2.0米。果穗较短,果梳距离较密,果指较长。一般株产量为15～18千克,高产者达25千克。该品种植株较矮化,产量和果形较好,是一个适宜密植、抗风力较强的良种。该品种引到福建漳州后,经过株选,目前表现较好的有墨西哥3号和4号。

18.泰国蕉

泰国蕉,于1974年从泰国引入广东省农业科学院果树研究所。其植株瘦高,假茎高度为2.6～3.0米,叶柄边缘紫红色。果梳数和果指数较少,果形较直,果实较长大而充实。株产量在15～20千克。该品种品质优良,味香清甜,果实催熟后果皮呈金黄色。抗风、抗寒能力均较差。

19.波　约

波约,也称台湾青皮,为引入品种,属高把香牙蕉。其假茎高度为2.6～3.2米。假茎上部较细瘦,茎形比为4.9。叶片较长,叶形比为2.7。果穗较长,梳形较好,果指长19～23厘米。株产量为20～28千克。抗风力较差。

20.仙人蕉

仙人蕉,为台湾省香蕉主栽品种之一。是从北蕉中选育出来的,属高把香牙蕉。其假茎高度为 2.7~3.2 米,茎形比为 4.8,叶形比为 2.6,株产优于北蕉。果实含糖较高,果皮较厚,贮运寿命较长。生育期比北蕉长 15~30 天。抗风性较差。

21.矮性伐来利

矮性伐来利(dwarf valery),由台湾省从国外引进的品种。属中矮把蕉。其假茎高度为 2.22 米,比北蕉矮 24 厘米,比仙人蕉矮 45 厘米。株产量比北蕉低 1 千克左右。抗风性比北蕉、仙人蕉好,有推广价值。

22.大 矮 蕉

大矮蕉(grande naine),由台湾省于 1976 年引自洪都拉斯,属中矮把品种。假茎高 2.1~2.4 米,生育期比北蕉短 11 天,株产量低 1.8 千克左右。果形较整齐,品质合格率高,颇具推广价值。

23.B.F.香蕉

B.F.香蕉(Cavendish B.F.),由台湾省引自巴贝多。属中矮把香牙蕉。植株比北蕉矮 30~50 厘米,假茎较粗壮,新植正造蕉,假茎高度为 2.2~2.4 米。株产量为 26~27 千克,比北蕉略高,梳数、果数比北蕉略多。抗风力比北蕉强。

24.尤 麦 粒

尤麦粒(Umalag),由台湾省 1983 年引自菲律宾,属中矮把香牙蕉。性状似大矮蕉,茎干比大矮蕉略粗。试管苗变异率较高。

(四)国外香蕉的主要栽培品种

1.中南美洲主栽品种

(1)矮蕉(Grande Naine) 属中矮把香牙蕉。基因型 AAA。新植蕉假茎高度为 2 米,宿根蕉假茎高度为 2.6~2.8 米。假茎较粗。叶长 2.2 米,宽 0.9 米。雄花部分宿存,株产量为 30~40 千克。生育期约 11 个月。抗风性较好,但对栽培条件较敏感,是目前中南美洲的主栽品种。

(2)大密啥香蕉(gros michel) 20 世纪 60 年代前中南美洲的主栽出口品种。基因型 AAA。假茎高度为 4～8 米,绿色或粉红色。叶片长达 4 米,宽 1.1 米。果穗圆筒形,匀称。果指较直,细长,果顶瓶颈状,果柄粗,常温后熟金黄色。株产量为 30～45 千克。生育期为 13～15 个月。抗风性差,易感巴拿马枯萎病和叶斑病,但抗穿孔线虫。后期曾选出高门和可可斯等品系。

(3)罗巴斯塔(Robusta) 属高把香牙蕉。基因型 AAA。假茎高 2.8～4 米,为绿略带红褐色。叶片长 2.2 米,宽 0.8 米。果穗圆柱形,雄花苞片脱落,果形较直,果指较长大,果柄细。株产量为 30～40 千克。生育期约 12 个月。

(4)伐来利(Valery) 属高把香牙蕉。基因型 AAA。假茎高度为 2.8～4 米。叶长 2.3 米,宽 0.8 米,叶片较直立。雄花苞片部分宿存。株产量为 35～45 千克。抗风。

(5)拉卡坦(Lacatan) 引自菲律宾。基因型 AAA。属高干香牙蕉。假茎高度为 4～5 米。叶片长 3 米,宽 0.8 米。果穗圆筒形,雄花苞片脱落。果形较直,果指长大,果柄较细,果实常温后熟绿黄色,梳果数较少。株产量为 25～35 千克。生育期为 12～14 个月。抗风性差。

2.东南亚国家主栽品种

菲律宾、印度尼西亚、马来西亚和泰国,是东南亚的香蕉主产国,香蕉品种繁多。其中有些品种有几个国家同时种植,各自用本国语言命名,没有通用名称。现对常见者简要介绍如下:

(1)贡蕉(二倍体) 又译为糖蕉。在马来西亚是第一香蕉品种,可供出口。株型小,假茎高度仅 2.2～2.6 米。生长期短,定植至抽蕾 8～10 个月,果实生长期 7～8 周。株产量为 8～12 千克。每穗 5～9 梳,每梳 14～18 个果指。果指小,长 8～12 厘米,直径为

3～4厘米。后熟时果皮薄,金黄色,果肉结实,黄色,有芳香味,很甜。易感黄叶斑病。

(2)拉卡坦香蕉(二倍体) 在菲律宾是一个非常受欢迎的鲜食香蕉品种,在印度尼西亚和马来西亚评价也很高。假茎高度2.5～3米,果实中型至大型。后熟时艳橙黄色,皮厚,剥皮时果肉易留些果皮残片,果肉结实,浅橙色,有香味,甘甜,别具风味。果指长12～18厘米,直径为2.5～3厘米。易感巴拿马枯萎病。

(3)红通香蕉 在泰国作为鲜食香蕉售价高,也可出口。该品种属大密啥类。植株似粗把香牙蕉,只是假茎基部浅粉红色。假茎高度为3～3.5米。株产量为10～20千克。每穗4～6梳,每梳12～16个果指。果指长12～22厘米,直径为3～4厘米。常温下后熟金黄色,皮薄,果肉浅米橙色,质地好,甜香。货架寿命较短。耐寒性、抗风性较差。

(4)粗把香牙蕉 是菲律宾主要出口品种。假茎高度为2.5～3.5米。株产量为25～30千克。每穗14～20梳,每梳16～20个果指,排列好,果大,皮厚,低温催熟时艳黄色。果指长15～22厘米,直径为3.5～4厘米;果肉奶油白色,质地好,溶口,甜,香味浓。

(5)拉屯旦龙牙蕉 该品种在菲律宾、印度尼西亚和马来西亚,是极普遍的鲜食栽培品种。株产量为10～14千克。每穗5～9梳,每梳12～16个果指,果实小至中等大。果指长10～15厘米,直径为3～4厘米。后熟时转黄,皮极薄,易脱梳,完全成熟后出现许多梅花点黑斑。果肉柔软,白,味微酸,有特殊香味。易感巴拿马枯萎病。

(6)大密啥香蕉 在印度尼西亚是最重要的栽培品种,在马来西亚评价也较高。植株为中高型,假茎高度为3～3.5米,有9～11个吸芽。从种植至抽蕾,需10～12个月,果实生长期为12～14周。株产量为15～25千克。果穗对称,梳形好。每穗8～14梳,每梳14～24个果指,果指长15～20厘米,直径为3.5～4厘米。果实大,皮滑,常温下后熟转黄。果肉奶油白色,中等结实,微香,甜。耐贮,货架寿命长。易感巴拿马枯萎病。

(7)高干香牙蕉 该品种在亚洲广泛分布。假茎高度为 3 ~ 5 米。果实中至大型,后熟时浅绿至绿黄色,果皮易剥,果肉奶油色,质地好,芳香,甜。果指长 15 ~ 20 厘米,直径为 3 ~ 3.5 厘米。株产量为 15 ~ 18 千克。每穗 8 ~ 12 梳,每梳 14 ~ 20 个果指。

3.澳大利亚主栽品种

澳大利亚是太平洋国家,属南半球亚热带,气候与我国华南地区差不多。香蕉主要分布在新南威尔士州北部和昆士兰。其主要商业化品种为威廉斯和门斯马利,占香蕉总产量的95%。均属粗把香牙蕉,两者很相似,在蕉园中常混种。株高介于伐来利和大矮蕉之间。近几年又选出矮性威廉斯和长果门斯马利。

4.印度主栽品种

印度是世界上栽种香蕉最多的国家,作为杂交蕉 AB,AAB,ABB 的主要发源地,其栽培品种也十分丰富,类型繁多。其主栽品种是矮干香牙蕉、罗巴斯塔香蕉和卜凡香蕉,还有龙牙蕉、山地香蕉和芝仙蕉等。其中卜凡香蕉植株高大,叶中肋浅粉红紫色。抗巴拿马枯萎病,耐叶斑病,也少受象鼻虫危害。耐瘠薄土壤,耐旱,产量高,株产量为 25 千克。每穗 15 梳,200 个果指以上。果实中等大,长约 10 厘米,周径 11.5 厘米,果直,丰满。完全成熟时无棱角,后熟时皮易剥,颜色金黄。果肉柔软,多汁,带黄色,味酸甜少芳香。耐贮性稍差。生育期长达 17 个月。该品种在印度分布极普遍,值得我国引种。

二、香蕉的生物学特性

香蕉是多年生常绿大型草本植物,高度为 1.5 ~ 6.0 米。其植株分为地下部和地上部两大部分。地下部由多年生的地下茎(蕉

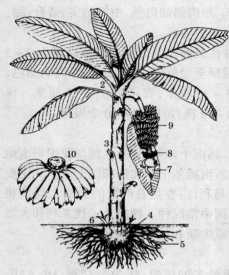

图4-1 香 蕉（李佳宁绘）

1.叶片 2.叶柄 3.假茎 4.地下茎
5.根 6.吸芽 7.花苞 8.雄花
9.雌花 10.果梳

头）、吸芽和根系组成；地上部由假茎、叶、花和果实组成（图4-1）。

（一）根系及其特性

香蕉根系为地下球茎所抽生的细长肉质根，属须根系，无主根，分布较浅，故不抗风。根系分为原根及不定根两种。原根仅新植蕉苗发生，很快死亡。一般所见者均为不定根。通常在球茎中心柱的表面以4条为一组的形式抽生，粗为5～8毫米，白色，肉质，具根毛，生长后期木栓化，浅褐色。不定根数目因植株年龄和发育不同而异，健康成年球茎，一般有200～300条，多者达500多条。

大多数根着生于球茎的上部，少数在基部下面。着生于上部的分布在土壤表层，形成水平根系，最长可达5米以上，多数在15厘米深处，少数可达75厘米深。着生于球茎下部的，几乎是垂直向下的，形成垂直根系，最深的可达1.4米。根系分布的深度与土壤的通气性、地下水位的高低及品种有关。土壤通气性好，土层深厚，地下水位低，根系分布就较深较广，植株也高大。

根系最适的生长温度为20℃～30℃。5～8月份是根系生长最旺盛的时期。生产上要防止在畦面上作业，以免伤害根系。此外，根的抽生，以生长季节抽蕾前最为旺盛，抽蕾后基本上不再抽生新根,但根在果实采收时仍具吸收功能。根尖的生长率,每月可达 60 厘米。不定根的末端不断分生许多次生根(幼根)。次生根上有许多根毛,以吸收水分和矿质营养,常称为吸收根,故施肥不要离蕉头太近。通常叶片抽生迅速时,根系的生长也较旺盛。

根的寿命取决于环境条件和养分等。据罗宾逊观察,香蕉的不定根,寿命为 4~6 个月,次生根为 8 周,第三级根是 5 周,根毛仅为 3 周。最主要的环境条件,是土壤的通气性、温度和湿度。香蕉根系肉质嫩弱,需氧气多,并需一定的适宜温度,不耐涝,不耐旱,但较耐肥。没有良好的根系,香蕉地上部生长就不正常,更谈不上优质高产。土壤排水不良,干旱,过高或过低的温度,施肥不当,造成肥害及存在有毒物质,都是危害根系生长的重要因子。

(二)茎的类型及生长习性

香蕉的茎分为真茎和假茎两部分。真茎包括地下茎(球茎)和地上茎(花序茎)。

1.球茎和吸芽

地下球茎又称为蕉头。香蕉植株在生长的初期,地下球茎的上半部被叶鞘所环抱,平时不易看到。但随着植株的不断生长,外围叶鞘逐渐枯萎脱落,球茎的上半部也逐渐露出地面。这种情况在宿根蕉园是比较常见的。地下球茎作为整个植株的重要器官,是根系、叶片、花果以及吸芽着生的地方,又是营养物质的贮存中心。球茎上端有密生的圆形叶痕(即叶鞘着生的地方),叶鞘的中央是生长点,开始仅抽生叶子;当植株生长到一定程度,生长点叶芽转化为花芽,形成花蕾,并不断向上抽生。抽蕾后,支撑着果穗,这就是花序茎,也就是含于假茎中心的真茎。

球茎的生长发育,与自然环境条件及地上部的生长有关。在正常的情况下,地上部开始长出大叶时,球茎的生长加速,当地上部叶片生长最旺盛时期,球茎的增粗加快;当香蕉由营养生长进入花芽分化之后,球茎的增粗才基本停止。

香蕉的地下茎有节,为密集的叶痕绕茎成环,每一叶痕有腋芽。节部的腋芽,在生长过程中萌发称为吸芽。吸芽的抽生从每年春天开始,以4～7月份最多。9月份以后,吸芽生长缓慢甚至停止。抽芽依季节不同,而分为红笋芽和褛衣芽。红笋芽在2月份后发生,上尖下大,形似竹笋,叶鞘呈鲜红色,因而得名。褛衣芽是在8～10月间发生的笋芽。翌年春季,因为此芽越冬后外表披着枯叶而得名。依叶形不同,又可分为剑叶芽和大叶芽。剑叶芽为当代植株抽生,叶形尖窄如剑。大叶芽为上代残留地下茎抽生,叶形短宽如卵形。

2.假 茎

假茎由叶鞘互相紧密抱合而成,俗称蕉身或干,多汁,呈圆柱形。从假茎的横切面,可以看到叶鞘呈螺旋形排列。叶鞘两面光滑,内表皮纤维素大大加厚,外表皮外露时,先是木栓化,后是木质化,以便起保护作用。叶鞘内有薄壁组织和通气组织形成的间隔,维管束有发达的韧皮部夹带离生乳汁导管,多分布于靠近外表皮处。最外层的维管束也伴有厚壁组织。从假茎的组织结构看,它是较易折断的。其结构质地也因品种而异,大蕉、粉蕉的假茎较香蕉的结实。假茎含有丰富的养分。据梁孝衍(1990)分析,假茎含的五氧化二磷和氧化钾,比其它任何器官都多,含氮仅次于叶片。抽蕾后,假茎上的养分尤其是钾,转移到果实上去。生产实践中可见,假茎粗大的产量相对较高。作者研究结果表明,在同一蕉园同一品种中,假茎粗度与产量呈正相关。通过建立相关方程,可以预测香蕉的产量。生长前期,假茎干物质的积累占70%以上。采收后,假茎的营养部分回输,供吸芽生长。

与假茎上端连接的是叶柄,其结构与假茎相似。各品种的叶柄长短、形状不同,是区别香蕉、龙牙蕉、粉蕉和大蕉的主要依据之一。每片香蕉新叶都是从假茎的中心长出,使老叶及叶鞘逐渐挤向外围,从而促使茎干不断增粗。当最后一张叶片抽出后,假茎的中心便抽出花序轴。

不同的类型及品种,其假茎颜色是不相同的,大蕉为青绿色,粉蕉为青绿色披粉,香蕉为棕褐斑青色,龙牙蕉为紫红斑黄绿色。

香蕉假茎的高度,依品种、气候、茬别和栽培条件等不同而异。在目前香蕉的栽培品种中,假茎高度可分为高、中、矮三种类型。假茎高度在 2.6 米以上的,属高型香蕉;高度在 2～2.6 米的,属中型香蕉;高度在 2 米以下的,属矮型香蕉。同一品种,在不同的栽培条件下,其假茎高度也有所差异。一般地下水位低、管理水平高的蕉园比地下水位高、管理水平差的蕉园假茎高;多年生的宿根蕉假茎比新植蕉高。但正常条件下,每一品种的干高与粗度(周长)的比(茎形比),在抽蕾时是相对稳定的。

(三)叶片形态及生长

香蕉为单子叶植物,蕉叶呈螺旋式互生,叶宽大,长椭圆形。当香蕉新叶从假茎中心向上生长时,叶身左右半片相互旋包着,为圆筒状,当整张叶片抽出后,叶身开始自上而下展开。叶脉为羽状,中脉具有浅槽,可以引雨水下渗,以利于新叶和花序向上伸长,中脉两侧的叶片还具有随不同气候的变化而展开或叶缘下垂的机能,以便调节叶背气孔蒸腾量。

香蕉吸芽苗在生长的初期,长出的叶片是没有叶身、只有鳞状狭小的鞘叶,随后又抽出狭窄的小剑叶。以后随着植株的生长,叶片逐片增大,直到花芽分化开始,叶片达到最大为止。此后,叶片又逐渐缩小,当最后长出细短而钝的叶片时(终止叶),假茎中心部便抽出花序轴。

香蕉叶片的形状,因品种不同而有差异。一般香牙蕉叶片阔大,先端圆钝,叶柄粗短,叶柄沟槽开张,有叶翼,叶基部对称。大蕉叶片宽大而厚,叶先端较尖,叶柄较长,叶柄沟槽闭合,无叶翼,叶基部略不对称,叶背微披白粉。龙牙蕉叶狭长而薄,叶先端稍尖,叶柄长,叶柄沟槽一般闭合,无叶翼,叶基部不对称,叶柄和叶基部的边缘有红色条纹,叶背披白粉。

蕉叶最能反映植株的生理状态。根据叶片的长势和长相,能够较准确地判断出当年香蕉的产量;特别是中后期的叶片生长发育情况,和香蕉的产量、品质有极大的关系。几蒂玛—高玲娣克(1970)报道,香蕉植株有 80% 的光合作用在倒数第二至第五片叶中进行。在澳洲,唐纳(1980)发现新植蕉倒数第三至第五叶的总面积与果穗的果数密切相关($r=0.92$),而宿根蕉第一造则与倒数第六至第九叶的总叶面积密切相关,宿根蕉第二造则与倒数第五至第七叶的总叶面积相关。绿叶数多,叶面积大,叶色浓绿而有光泽,是优质丰产的标志。植株中下部叶片过早枯黄,绿叶数少,叶面积小,叶色淡绿而没有光泽,则是低产的长相。香蕉进入花芽分化后,为保证果实正常生长发育,果实大小较一致,果实饱满,皮色美观,要求香蕉抽蕾后,植株上最少要有 8~10 片绿叶。如果香蕉抽蕾后,植株上绿叶数量少,则会影响果实的正常生长发育,产量和品质下降,采收期延迟。因此,在栽培管理上要保持植株有一定数量的绿叶。特别是在收获前保持有较多的绿叶数,是提高果实商品率和耐贮性的重要保证。

叶片有一与叶鞘叶柄相连的中肋,贯穿叶面头尾,其结构与叶柄相似。有许多近平行的、呈长 S 形的叶脉与中肋相连接,每两叶脉间还有许多小盲脉。因此,叶片很容易撕裂成条状。但撕裂后每一叶脉仍与中肋相连,对叶片的功能影响不大,而对减少植株风害有好处。叶片上下表面均有气孔,但叶背的气孔是叶面的 3~5 倍。叶尖、叶缘的气孔数也较多。叶片气孔也是病菌和有毒气体入侵的门户,故常见叶尖、叶缘的病斑较多。

叶片的大小除因叶龄不同而异外,也因品种不同而变化。一般植株愈高大,叶面积也愈大,高干品种叶片最大达 3 平方米,总叶面积达 20 平方米以上；而矮干品种叶片最大约 1 平方米,总叶面积为 13~15 平方米。植株的总叶面积除与品种有关外,还与气候、栽培管理条件等有关,土壤肥沃,肥水充足的较大,植株密度大的较大。抽蕾前后,是植株绿叶面积最大的时期,其所推算的叶面积指数,是确定香蕉种植密度的依据。香蕉的叶面积指数为 2~4.5,在亚热带条件下以 3~3.5 为宜。

虽然叶片的大小变化较大,但正常大叶的长与宽之比(叶形比)是相对稳定的,这是区别香牙蕉栽培品种的重要依据之一。通常干愈高,其叶形比愈大。即高干品种的叶子是长窄形的,而矮干品种的叶片是短阔形的。

叶片的寿命变化较大,其长短取决于环境条件和健康状况,一般为 71~281 天。春季叶的寿命比秋冬季叶长。但在病菌危害,肥水过多或过少,台风肆虐,温度不适宜,光照太少等情况下,叶子的寿命也较短。

香蕉植株一生抽生的叶片数变化较大,与品种、苗木的营养状况,以及环境气候条件和栽培措施等关系甚大。在相同栽培条件下,不同品种的叶片生长总数(宽度大于 10 厘米的叶片数)有别。台湾蕉的叶数为 25~29 片,墨西哥 3 号的叶数为 26~30 片,墨西哥 4 号的叶数为 29~31 片,高种天宝蕉的叶数为 28~29 片,天宝蕉的叶数为 27~34 片(廖镜思,陈清西,1989)。栽种时,苗木贮存养分较多,栽培过程各方面条件又较好时,则叶片较大,其抽生叶片数较少,一般为 36 片左右。如刚挂蕾挂果的母株受风害或冷害砍去后,所抽生的吸芽,一般抽生 30~32 片叶即可抽蕾。相反,种苗弱小,如隔山飞,试管苗种植的植株抽生的叶数较多,通常为 40~44 片,多的达 50 片。肥水不足,过密的蕉园,香蕉抽生叶数也较多。故用叶数来确定植株的生长期,需参照其它因素。

叶片的生长速度,与温度、肥水和光照等有关,在亚热带条件下也是较快的。研究表明,香蕉叶片每月生长数与月均温呈极显著正相关。台湾蕉、墨西哥 3 号、墨西哥 4 号、高种天宝蕉和天宝蕉的相关系数 r，分别为 0.9517、0.9589、0.9566、0.9072 和 0.8648（廖镜思、陈清西，1989）。5～8 月份，高温高湿，肥水充足的，每月可抽生 5～6 片叶，多的达 8 片叶，此阶段一定要保证充足肥水的供应，以加快香蕉叶片的生长，提早开花结果，尤其是香蕉栽培的北缘地区。只有这样，才能避过低温危害。低温、干旱、伤根时，会抑制叶片的抽生。冬季的叶片抽生也很少。在澳洲，威廉斯品种在昼夜温度为 33℃和 26℃时，叶片生长最快，在 17℃和 10℃时产生冷害，达到 37℃和 30℃时产生热害。

（四）香蕉的花芽分化

香蕉的花芽分化，不受日照时数和温度的影响，属于不定期分化型。在正常的情况下，只要香蕉植株营养生长达到一定的程度，即可花芽分化，周年开花结果。一般粗壮的吸芽苗，种植后抽26～34 片叶（不包含鞘叶和小剑叶），而组培苗种植后抽出 34～38 片叶就开始花芽分化。经电镜观察，香蕉植株开始花芽分化时，尚有10～12 片叶未抽出。也就是说，植株进入花芽分化之后，再抽出10～12 片叶就可以抽蕾。据观察，果实的数目主要与最后 3～4 片叶发育的时期，即抽蕾前一个月左右的气候条件有关。唐纳（1980）通过总结倒数第三至第八叶的面积和果数的相关性后，提出花芽分化中期是决定果数的临界阶段。从花芽分化到花蕾的抽出，夏季约需 2～3 个月，冬季则需 4～5 个月。在实践上推测香蕉花芽分化期，可根据下列方法判断：①达到了一定的叶面积，一般新植蕉在刚抽大叶时，宿根蕉在抽 3～5 片大叶时；②达到一定的生长时间，一般春植经 5～7 个月，秋植经 8～10 个月。在栽培上，应特别重视此期的重追肥及保持土壤湿润，这是丰产的关键。另外，印度 vadivel（1976）发现，香蕉花芽分化开始时，核糖核酸、脱氧核糖核酸、蛋白质和维生素 C 的含量显著增高。查勒潘（1983）发现,香蕉花芽分化开始时,其生长素、细胞分裂素、乙烯和抑制物质等的含量,也明显升高。这些也可作为诊断的生理指标。

香蕉的果穗重和果指重,与花芽分化初期的旬均温呈极显著负相关,而与旬降水量呈极显著正相关(表 4-2)。生产实践也表明,8～10月份收获的正造蕉产量最高,与花芽分化在温度较低的春季或初夏有关。如果香蕉的花芽分化处在高温的夏季,则秋季开花,冬季收果,而冬蕉产量明显低于正造蕉。

表 4-2　台湾蕉产量要素与花芽分化初期温度、降雨量的回归及相关

(廖镜思,陈清西 1990)

项　目	回归关系[1]	回归关系显著性测验	r
果穗重	$y = 26.0569 - 0.5176x_1 + 0.0270x_2$	*	0.6976**
果指重	$y = 95.7880 - 1.0651x_1 + 0.3176x_2$	**	0.9002**

注:(1) x_1, x_2分别为花芽分化期的旬均温和降雨量

　*,** 分别表示差异达 5%和 10%显著水平

当花芽开始分化时,植株顶端叶鞘的距离越来越短,出现"密叶层"。在形态上最突出的变化,是球茎生长点迅速伸长。随着球茎生长点继续向上生长,花芽原始体发育成花序,花序经过一段时间的发育后,花轴才由球茎向上伸长到假茎的顶部(称现蕾)。在花序伸出假茎顶部前一个月左右,果实的梳数(段梳)和每梳果数已确定。所以,在生产上要增加果实的梳数和每梳果数,就必须在营养生长阶段适时施足肥料和水分,保证植株具有较高的营养物质。这也是优质丰产的关键。

(五)香蕉的抽蕾和开花

香蕉的花序为顶生穗状花序。花苞为船底形,颜色有橙黄、粉

红、紫红或紫绿色等。花有三种类型,花序基部是雌花,中部是中性花,先端是雄花。三种花最大的差异,在于子房和雄蕊的长短。雌花的子房占全花长度的 2/3,有退化雄蕊 5 枚;中性花的子房占全花长度的 1/2,雄蕊不发达;雄花的子房占全花长度的 1/3,雄蕊发达,但花粉多退化。花单性,黄白色,子房下位,三室,有退化胚珠多个。各种花都具有一个管状被瓣(由 3 片大裂片和 2 片小裂片联合组成),一个游离被瓣(离生花被)及一组由 5 枚雄蕊或退化雄蕊所组成的雄器,和一个三室的子房及柱头。各种花开放的次序是:雌花先开,接着中性花开,最后雄花开。三种花只有雌花能发育成果实,中性花和雄花不能发育成果实。因此,在栽培上当雌花开放完后,应及时将未能结实的花蕾摘除,俗称断蕾,以免消耗养分,影响果实的正常发育。雌花的花序呈螺旋式排列,每个花穗有 10 梳(段)以上的雌花,每梳有 10 ~ 30 朵小花,由二列并排组成。香蕉花序为无限花序,只要植株健壮,营养积累充足,可以分化出梳数多的雌花。花蕾刚从假茎顶端抽出时称现蕾。花蕾下弯后花苞开放时称开花期,雌花开后断蕾时称断蕾期。

香蕉的开花过程都有一定的规律性,花期的长短随着季节的变化而异。廖镜思,陈清西(1990)的试验结果表明,香蕉现蕾后,经历了花蕾直立→斜生→松苞→始花→终止花的过程。花蕾的伸长、膨大、弯曲、松苞以及果梳的露出等,都是在天黑以后至 24 时以前进行。从现蕾到终止花,一般夏季较冬季短(表 4-3)。

表 4-3　不同时期现蕾的开花天数 　(廖镜思,陈清西,1990)

现蕾期	现蕾至始花		始花至终止花		现蕾至终止花	
(月/旬)	1986	1987	1986	1987	1986	1987
3/中 ~ 5/下		10 ~ 15	—	6 ~ 16	—	18 ~ 30
6/上 ~ 10/上		3 ~ 11	4 ~ 8	4 ~ 9	11 ~ 17	9 ~ 17
10/中 ~ 11/上		7 ~ 17	6 ~ 14	6 ~ 11	14 ~ 15	12 ~ 24
11/中 ~ 11/下		9 ~ 36	14 ~ 16	8 ~ 32	22 ~ 35	38 ~ 48

(六)果实的生长发育

香蕉果实是由雌花的子房发育而成的。果实可分为两类,即野生蕉果实和栽培蕉果实。野生蕉果实有籽,须经授粉受精才能形成;栽培种多为三倍体,不需授粉受精,为单性结实。所以,在正常的情况下是没有种子的。但如果蕉园附近有野生蕉时,偶然也有种子的产生。

香蕉一串果穗有 4～18 梳(段),每梳有果指 7～35 条,单果重50～600 克,长 6～30 厘米。果穗中每梳的果数,除个别季节某些植株第一梳仅有几只果外,通常自上而下逐渐减少。果指的长度也自上而下变短。这可能与营养的分配竞争有关。果指的大小取决于植株营养情况和气候因素。

香蕉是浆果,果实长圆形或带棱形,果身直或微弯。果柄短,果皮厚或薄。果实未成熟时呈青绿色,在 25℃ 以下的温度中催熟,果皮为黄色。果肉未成熟时含有大量的淀粉,催熟后淀粉转化为糖,肉质软滑香甜;果指的长度和粗度,因品种、长势、肥水条件、果实的数量以及季节的变化等不同,而有很大的差异。一般栽培条件好,植株粗壮,绿叶数多,果实发育良好,果指长,商品率高。

开花前,果实与花蕾一样是向下的,这是果穗的向地性生长特性的反映。开花后,果实逐渐向上弯,这是果实的背地性生长特性的表现。通常果穗的向地性好,果实的背地生长就好,穗形、梳形就好。如果果穗的果轴短,果穗斜生,那么第一、二梳果就不能垂直向上,造成所谓反梳或三层果现象,影响果实的商品质量。果穗的向地性和果实的背地性生长,是受植物激素控制的。一般植株高的品种,果轴较长,果穗下垂好(尤其是在低温季节),果指上弯好,果形较直。

果实的生长发育,可分为三个阶段。第一阶段是在花后 35 天以前,果指长度较周径、直径增长快,果指长度日增值达 3.05 毫米,而周径日增值为 1.21 毫米,果指鲜重和干重的增长也较快,日增值分别是 1.2 克和 0.14 克。第二阶段从花后 35 天到 50 天,此阶段果指长度和周径的增长较为缓慢,且表现同步增长的趋势,其日增值分别为 0.63 毫米和 0.41 毫米。果指鲜重的增长速率明显落后于干重的增长速率,日增值分别是 1.2 克和 0.32 克,果指鲜重的增长基本与第一阶段相同,而干重增长较第一阶段快得多。第三阶段从花后 50 天到采收,果指长度的增长最慢,日增值仅0.41 毫米,而周径的增长速度较长度增长较快,日增值为 0.42 毫米。此阶段鲜重和干重的增长最快,日增值分别为 1.5 克和 0.38克(陈清西,1990)。蕉果自开花到收获需 65～170 天,但高温季节60～90 天可收获,低温季节则需 120 天以上;大蕉品种 87-11 需 5个月,而香蕉品种 82-9 只需两个多月。

果实的生长,在抽蕾前已开始,主要是果皮的生长。果肉的生长要等到果指上弯后才开始。据印度学者报道,抽蕾后 14 天,果实获得了 50%～64% 的长度和 36%～49% 的粗度(直径)。抽蕾后 1 个月,果皮占果指重量的 80%。果指长度在抽蕾后 1 个月内快速生长,平均每天伸长 1.4～4.3 毫米,以后生长就缓慢。但有些情况是例外的,如有些年份 5 月初抽蕾的"长短指",断蕾时果实很短,但由于温度、水分适宜,植株粗壮,叶多而果数少,收获时果实却很长。果肉的生长成几何级数增加,肉皮比从开始时的 0.17增至 90 天时的 1.82。抽蕾后,在 42 天时皮肉干物质相等,在 70天时皮肉鲜重相等。在 14 天时,果肉含水量达 91%,在 70 天减至 74%,在采收时又略增加。果肉中积累的干物质主要是淀粉。

果实的数量和大小,是果穗产量的直接构成因素。据克雷斯文等(1983)报道,印度罗巴斯塔香蕉产量与果数的相关系数为 r = 0.9377,与单果重的相关系数为 r = 0.8843。

果实的大小,包括果实的长度和粗度。果实的长度是香蕉商品价值的一个重要指标,果指长,商品价值就高。影响果实长度的因素包括内外因素两个方面。内因有品种、植株生长势和果数。一般品种干高与果指长密切相关，干高的品种比干矮的品种果指较长，果实较直。同一品种，在良好栽培条件时植株表现较高，其果指也较长。而同一品种植株生长势相同，果数较少的果指就较长。植株高大粗壮，绿叶数多，其果实的长度也较长。外界环境条件对果指长度影响也很大，果指伸长期的气温和水分对果指的伸长十分重要。若此时气温适宜，水分充足，果指就较长，如正造蕉通常比雪蕉要长很多。

（七）香蕉的生命周期

根据香蕉植株的形态特征和生长发育特点，将香蕉的一生分为三个阶段。

第一阶段是营养生长阶段。从植株具备有完整的营养器官到花芽分化之前。此阶段在植株生长的前期，根系和叶片生长速度较慢。随着植株的不断生长，根系和叶片的生长速度加快，特别是香蕉从第十二片叶到第二十四片叶的生长阶段，根系的分布广度和深度达到高峰，假茎增粗加快，叶片生长速度和生长量是香蕉一生中速度最快、生长量最大、营养物质积累最高的时期，是香蕉整个植株养分需求量最多和对肥料最敏感的时期，也是决定香蕉产量的关键时期。这个时期的长短，取决于气候条件和树体的营养水平。因此，要善于掌握此阶段的生长发育特点，适时施足肥料，最大限度地满足植株生长的需要，使植株提早进入下一生长阶段。

第二阶段是花芽分化至现蕾阶段。从植株的外观看，植株假茎增粗明显，叶柄变短，叶鞘距离愈来愈小，出现"密叶层"，叶面积逐片减少，当最后抽出终止叶时就开始抽蕾。而从内部形态来看，最突出的变化是地下球茎生长点迅速向上伸长，花苞和花器官不断地变化。此阶段雌花分化已完成。从植株解剖中可以看到，植株进入花芽分化以后，尚有 10～12 片叶未抽出，也就是说再抽出

10～12片叶就可以抽蕾。花芽分化和叶片的生长同步进行，需要足够的肥水才能满足其生长。所以，此阶段的肥水管理至关重要。

第三阶段是果实发育至采收阶段。从幼果生长到果实采收为止。此阶段果实生长发育迅速，植株外围叶片枯黄加快，叶片总面积逐渐减少，全株逐渐表现为衰老状态。植株的营养中心更集中于最后抽出的10～12片叶上。香蕉果实的饱满度、产量和品质，在很大程度上决定于这些叶片的同化面积和光合效能。所以，植株抽蕾后要保留8～10片绿叶或更多的健康绿叶数，才能确保果实正常发育，优质丰产。

三、无公害高产优质栽培管理技术

（一）育苗技术

1.常规育苗

栽培香蕉是以吸芽无性繁殖的方式繁衍后代。大田生产香蕉，过去多用吸芽繁殖和地下球茎切块繁殖育苗，繁殖率有所提高，但仍满足不了生产发展的需要，且易带病虫害。目前，这两种常规育苗方式仅在少数地方使用。

（1）地下茎切块繁殖 采用地下茎切块育苗，一般在11～12月间，将地下茎挖出来，大的可切成7～8块。小的切成两块。每块留一壮芽，块重120克以上，切口涂上草木灰。按株行距15厘米×15厘米的规格，将其芽眼朝上地平放在畦面上，盖一层薄土，然后再盖些稻草。翌年1～2月份，待蕉苗高40～50厘米时，即可挖苗定植。此法育出的种苗，可与同期定植的吸芽同时开花结果，产量无差异。但要选择无病的健壮母株，以避免束顶病的传播。

（2）吸芽繁殖 采用3～4月间出土、苗高40～50厘米的剑叶芽(包括褛衣芽和红笋)，进行分株繁殖。剑叶芽定植后先长根，后长叶,生长迅速,结果较早。分株时,要用特制的长柄利铲,从吸芽与母株相连处割离,尽量少伤母株地下茎。吸芽必须带有本身的地下茎,定植后易于成活,切口最好涂以草木灰,并晾干后进行定植。不能选择生长细弱的母株或收果后残株地下茎抽发出的大叶芽。此芽长势弱,结果迟,容易发生束顶病。

为了减少蕉苗带来的病虫害,对蕉苗必须进行消毒处理。方法是:采用石灰少量式波尔多液(硫酸铜 0.5 千克,生石灰 0.175 千克,加水 50 升),或 50%多菌灵可湿性粉剂 1 000 倍液,或 50%托布津可湿性粉剂 1 000 倍液,喷洒蕉苗,以消灭炭疽病和叶斑病病菌。还要用 40%乐果乳剂 2 000 倍液,消灭带毒蚜虫。

2.组培苗的繁育

组培苗也叫试管苗,是采用生物技术,取香蕉吸芽苗顶端生长点作为培养材料(即外植体),然后将其移入有培养基的试管中,经过 3～5 周培养,诱发成苗后,再移入增殖培养基中培养。进行多次的继代增殖后,再把试管芽转入生根壮苗培养基中培养,促使试管芽生根,长苗,即长成试管苗。当试管苗生长到 5 厘米高时,可把试管苗移植于苗圃中的营养袋上进行培育。用组织培养法培植,能一次繁殖大量香蕉苗,满足生产上的需要,并能节约时间和空间,减少病害传播。我国自 1972 年香蕉茎尖组织培养苗繁育技术获得成功后,香蕉繁殖才获得了突破性的进展。

组培苗在中国大陆,已形成工厂化商品性生产。其优点是:能大量繁殖无病优质种苗,蕉苗运输方便,品种纯度高,大田种植成活率较传统吸芽苗高,蕉苗种植后速生快长,生长较一致,收获期较传统吸芽苗集中,因而它是目前香蕉生产上选用最多的种苗。但组培苗也有不足之处,在蕉苗的繁殖过程中易产生变异。然而,只要变异率控制在 3‰以下,则还是允许的。此外,香蕉组培苗在种植初期,由于蕉苗组织较幼嫩,抗逆能力较差,极易感染花叶心腐病,故在蕉苗生长初期,应特别注意肥水管理和病虫害的防治,以保证蕉苗生长良好。

（1）繁育组培苗的设施 香蕉组培苗繁育设施,包括实验室、苗圃两大部分及其设备。实验室由准备室、接种室与培养室等三部分组成。苗圃包括一级苗圃(假植圃)和二级苗圃。各部分可根据生产规模及其技术水平,进行设计安排。

①**实验室** 实验室的组成部分及其设备如下:

第一,准备室:它是做接种前准备工作的场所。主要用于完成器皿洗涤、培养基配制和灭菌消毒等技术工作。作为一个具有工厂化生产规模的准备室,还具体分为化学实验室、药品天平室、洗涤室和灭菌消毒室等。

甲,化学实验室:主要作为培养基的配制,培养皿等少量器具的洗涤,以及生产蒸馏水等工作的场所。主要的设备有以下几种:

实验工作台:要求台面能耐酸碱,台上设有药品架等。

水槽:供少量器具的洗涤。

晾干架:供放置晾干玻璃器皿。

烘箱:供烘干玻璃器皿。

冰箱:供贮放药品和培养基母液等。

电炉:供烧煮培养基和加热。

蒸馏水发生器:供生产蒸馏水。

普通天平:供称大量、要求较不精密的药品。

此外,还有各种玻璃器皿,如量筒、烧杯、试剂瓶、移液管、定容瓶、三角瓶、培养皿和滴管等。

乙,药品天平室:用于贮放各种药品和分析天平等设备。要求靠墙壁处设有工作台,用于放置天平,室内应清净,干燥。主要设备如下:

药品橱:用于贮存药品。其规格大小可根据需要来设计。对于剧毒药品(如升汞),一定要加锁控制,并由专人负责。

扭力天平、分析天平:用于用量较精密药品的称量,如生长调节剂、微量元素等。

丙,洗涤室:用于洗涤培养瓶和其它器具。室内应设置大型的二联洗涤池、工作台架、玻璃晾干架、放培养瓶的架子和箱子,以及水桶、刷子等。

丁,灭菌室:用于消毒灭菌用的各种器皿和培养基等。室内应设有高容量的电源线路、电热高压消毒器等。

第二,接种室:接种室也叫无菌操作室。它是进行香蕉外植体材料消毒接种、香蕉无菌材料的转移等无菌操作的重要场所。因此,室内要求干燥,洁净,空间大小适中,装有紫外线灯(用于消毒),同时要有严格的密闭条件。室内的主要设备,有超净工作台,接种和转移无菌材料时所需的镊子、解剖刀、酒精灯及装酒精和消毒液的各种容器等。如条件许可,室内最好装配空调机。为了减少接种过程中的污染,还必须附设有缓冲间和培养基贮放室。

甲,缓冲间:用于人员进入接种室前更衣换鞋和洗手,以及处理从外界采回准备消毒培养的香蕉外植体等材料的场所。室内要求洁净,密闭,装有用于灭菌的紫外线灯,并设有洗手池、小搁架(用来放置烧杯、采回的材料等物)、衣帽钩和鞋架或鞋箱。

乙,培养基贮放室:用于贮放灭菌后的培养基和器皿。室内一般设置有培养架,用来放置培养基;配置电热干燥箱,用来烘干、放置已灭菌的器皿。

第三,培养室:它是香蕉离体组织和试管苗生长发育的场所。因此,应为培养物创造适宜的温、光、水、气等条件。室内要求内壁能保温并上油漆,地板要磨光或油漆过,顶高以 2.5 米为宜,窗户上要装双层密封玻璃,以利于控制温湿度。主要设施有空调机、加热器、温度控制器、定时器、培养架和培养瓶等。

培养架的规格,可在建立培养室时根据具体情况来设计,做到既不浪费培养室空间,又便于操作。一般长为 125 厘米,宽 40～50 厘米,高 180～200 厘米,分成 5～6 层。培养架的材料用三角铁制作,层隔板宜用玻璃,以提高光照效果。每层一般装置两支40瓦日光灯管。如以培养瓶作为离体培养的容器,一般采用容积为200~250毫升的广口玻璃瓶较为经济、实用。

根据香蕉组培苗生产过程的不同阶段,培养室可分为增殖培养室和生根壮苗培养室两种。

甲,增殖培养室:用于培养外植体材料和增殖芽的继代增殖培养。为了减少污染,该培养室要求特别清静,并且需要定期用福尔马林液进行灭菌消毒。

乙,生根壮苗培养室:用于试管芽的生根壮苗培养。该培养室要求有较强的光照条件,除了可利用完全人工控制照明外,还可用自然光培养。

②苗圃 苗圃是香蕉组培苗室外生产培育的场所。选择苗圃地时,首先要选择向阳、背风、有丰富水源的地方;其次要考虑到交通方便,有利于苗木的运输;另外,要求苗圃地周围环境卫生良好,即在苗圃地周围不允许有束顶病毒(BBLV)和花叶心腐病毒(CMV)病源存在。因此,苗圃地应远离蕉园,尤其是旧蕉园,也应避免靠近一些黄瓜花叶病毒的寄主作物,如茄子、辣椒、瓜类和豆科作物等。

苗圃地的主要设施,有玻璃温室(网室)和塑料大棚。一般玻璃温室较为昂贵,但使用起来较方便,效果也好。玻璃温室可由专业单位承建,塑料大棚可到有关厂家购买或自购材料搭建。购买的大棚有各种规格。而自搭的可根据需要设计,但要求有一定的空间,一般以高2.0~2.5米、宽5.0~6.0米、长30米较为合适。无论是玻璃温室或大棚一般应配有遮阳的设施(如遮阳网),并装有62目/平方厘米的防虫网。

根据试管苗在苗圃中不同的培养阶段,可把苗圃分为一级苗圃和二级苗圃。一级苗圃,用于试管苗苗床假植培育,也叫假植圃;二级苗圃,用于假植苗移栽于营养袋培育。为了提高试管苗移植时的成活率,一级苗圃采用玻璃温室较好。

(2)培养基及其配制

①培养基的成分 培养基应含有植物生长所必需的以下四大类营养物质:

一是无机营养物:包括 15 种元素,如氮、磷、钾、钙、镁、硫、铁、硼、锰、铜、锌、钼、氯、碘和钴等。其中前 6 种为大量元素,后 9 种为微量元素。

二是有机物质:主要有两类。一类是有机营养物质,为香蕉植物细胞提供碳、氢、氧和氮等必要元素,如糖类(蔗糖)、氨基酸类(如甘氨酸);另一类是一些生理活性物质,在香蕉代谢中起一定作用,如硫胺素、吡哆醇、烟酸和肌醇等。

三是植物生长调节物质:主要为植物天然的 5 类激素物质,以及人工合成的类似生长激素物质,如萘乙酸(NAA),吲哚乙酸(IAA),吲哚丁酸(IBA),2,4-二氯苯氧乙酸(2,4-D),6-呋喃氨基嘌呤(Kt)和 6-苄氨基嘌呤(6-BA)等。

四是其它附加物质:这些物质不是植物细胞生长所必需的,但对细胞生长有益,如琼脂、活性炭等。

②基本培养基 到目前为止,香蕉组织培养所采用的基本培养基,多为 MS(1962)培养基。现将其成分及浓度介绍如下:

第一,含大量元素的常用溶液(毫克/升)

硝酸铵(NH_4NO_3)	1 650
硝酸钾(KNO_3)	1 900
氯化钙($CaCl_2 \cdot 2H_2O$)	440
硫酸镁($MgSO_4 \cdot 7H_2O$)	370
磷酸二氢钾(KH_2PO_4)	170

第二,含微量元素的常用溶液(毫克/升)

碘化钾(KI)	0.83
硼酸(H_3BO_3)	6.2

硫酸锰（$MnSO_4 \cdot H_2O$）　　　　　　22.3

硫酸锌（$ZnSO_4 \cdot 7H_2O$）　　　　　　8.6

钼酸钠（$Na_2MoO_4 \cdot 2H_2O$）　　　　　0.25

硫酸铜（$CuSO_4 \cdot 5H_2O$）　　　　　　0.025

氯化钴（$CoCl_2 \cdot 6H_2O$）　　　　　　0.025

EDTA 钠盐（Na_2-EDTA）　　　　　37.3

硫酸铁（$FeSO_4 \cdot 7H_2O$）　　　　　　27.8

第三，常用有机溶液（毫克/升）

甘氨酸　　　　　　　　　　　　　　2.0

盐酸吡哆锌　　　　　　　　　　　　0.5

盐酸硫胺素　　　　　　　　　　　　0.4

烟　酸　　　　　　　　　　　　　　0.5

肌　醇　　　　　　　　　　　　　　100

③**培养基的配制**　配制培养基，包括母液的配制和培养基的配制。其操作方法如下：

第一，**母液的配制与贮存**：在香蕉大规模生产组培苗中，为了配制培养液方便，一般要把培养基中各种成分预先配成高浓度的母液。以后在配制培养基时，只要按比例吸样，然后稀释即可。

MS（1962）培养基母液的配制方法，如表4-4所示。

表4-4　MS（1962）培养基母液配制方法

序号	药品名称	扩大倍数	扩大后称量	配1升培养基吸量（毫升）
Ⅰ	NH_4NO_3 KNO_3 $CaCl_2 \cdot 2H_2O$	50	82.5（克） 95.0（克） 22.0（克）	10
Ⅱ	$MgSO_4 \cdot 7H_2O$	50	18.5（克）	10

续表4-4

序号	药品名称	扩大倍数	扩大后称量	配1升培养基吸量（毫升）
Ⅲ	KH₂PO₄	50	8.5（克）	10
Ⅳ	MnSO₄·H₂O ZnSO₄·7H₂O H₃BO₃ KI Na₂MoO₄·2H₂O CoCl₂·6H₂O CuSO₄·5H₂O	100	2230（毫克） 860（毫克） 620（毫克） 83（毫克） 25（毫克） 2.5（毫克） 2.5（毫克）	5
Ⅴ	FeSO₄·7H₂O Na₂-EDTA	100	2780（毫克） 3730（毫克）	5
Ⅵ	甘氨酸 烟酸 盐酸吡哆醇 盐酸硫胺素 肌醇	100	200（毫克） 50（毫克） 50（毫克） 40（毫克） 10（毫克）	5

植物生长调节剂母液的配制方法：每种植物生长调节剂都必须单独配成母液。在香蕉组培中，一般用量为0.1～8.0毫克/升。所以，可根据所使用的浓度，先配成高浓度（100～500毫克/升）的母液，在配制培养基时，根据浓度要求，吸样后稀释即可。一般植物生长调节剂不溶于水，具体配法如下：

IAA、IBA、NAA：先溶于少量95%酒精，再加水定容至一定浓度。

2,4-D：可用1摩浓度的NaOH溶解后，再加水定容至一定浓度。

Kt、6-BA：可先溶于少量 1 摩浓度的 HCl 中，再加水定容至一定浓度。

各种母液配制后，均必须存放于 4℃～10℃ 的冰箱中。

第二，培养基的配制方法：现以配制 4 000 毫升 MS(1962) 培养基为例。

甲，溶化琼脂：量取水 2 000 毫升，加入所需的琼脂(24～32克)和糖(80～120克)后，置于锅中，放在电炉上加热，直至琼脂完全溶化成琼脂液。

乙，量取母液：Ⅰ、Ⅱ、Ⅲ 各 40 毫升；Ⅳ、Ⅴ、Ⅵ 各 20 毫升，并量取所需加入的生长调节剂母液。

丙，混合：把母液和琼脂混在一起，并加入其它附加物，最后加入至 4 000 毫升，用 1 摩 HCl 或 1 摩 NaOH 把 pH 值调至 5.8。

丁，分装：将配好的培养基分装于培养瓶内，并封好瓶口。

戊，灭菌：进行高温高压灭菌。一般在压力 108 千帕、温度 121℃ 下灭菌约 20 分钟。要注意控制灭菌时间。时间短，易引起污染；时间长，会引起培养基有机成分分解失效。

己，放置备用：待冷却后，及时把培养基取出，平放于培养基贮放室的培养架上，备用。

(3) 组培操作技术 香蕉组织培养工作的全过程操作技术，大致包括下列几个方面：

①**玻璃器皿的清洗** 香蕉组织培养用的各种玻璃器皿，尤其是培养瓶和盛培养基的器皿，一定要严格清洗，以防污染。如重金属离子、酸、碱等有害物质残留在瓶内，会影响培养物的生长。

使用过的玻璃器皿应及时清洗，先将污物(如培养基、培养物)倒掉，再浸入水中，然后洗涤。

玻璃器皿的洗涤，可根据器皿的污染程度和性质，采用不同方法进行洗涤。洗涤剂一般采用洗衣粉或洗洁精等。

凡有微生物污染的器皿，必须先进行高压消毒，以杀死菌体，否则会污染环境,给组织培养带来严重困难。

器皿洗净后,应烘干或晾干,放在规定的地方,以便于取用。

②**培养基的配制** 具体培养基的配制方法已如前述,不再重复。但在配制培养基时,要避免各种成分的错漏,并注意 pH 值的调节。

③**接种室与用具消毒** 接种室是进行无菌操作的地方,对无菌要求是很严格的,室内要求十分洁净。因此,不仅在接种前要用紫外线照射 20 分钟以上,而且要时常用福尔马林和高锰酸钾进行薰蒸消毒,或喷酒精雾、新洁尔灭等杀菌。超净工作台上,最好也安上紫外线灯,用于接种前消毒。

工作人员进入接种室时,一定要换上消毒过的衣服、帽子和口罩等,手也要用酒精经常消毒。

器皿和工具都应经高温高压灭菌,在无菌条件下开包,用的工具(如解剖刀、镊子)要随时用 70% 酒精浸洗,并在酒精灯上高温灭菌。每用一次,都要重新在酒精灯上灭菌。

④**材料灭菌** 材料灭菌,指香蕉组织培养工作中的外植体材料的消毒灭菌。作为香蕉组织培养中的外植体材料,主要是吸芽苗。由于吸芽苗埋于土壤中,杂菌污染十分严重,要彻底消毒灭菌是十分困难的,一般在消毒灭菌剂中浸泡的时间要比较长。从文献资料来看,香蕉外植体材料日常用的消毒灭菌剂多采用升汞,也有个别采用次氯酸钠和漂白粉(表 4-5)。

表 4-5 香蕉外植体材料常用消毒剂及其效果

消毒剂	使用浓度(%)	消毒准备	消毒时间(分)	效 果
升 汞	0.1~0.2	较 难	7~15	最 好
次氯酸钠	2~5	易	20~30	好
漂白粉	饱和溶液	易	20~30	很 好

材料消毒灭菌后,必须用无菌水浸洗多次。一般采用升汞的要浸洗6～8次,其它消毒剂为3～5次,才能把消毒剂去除干净,以减少对外植体材料的伤害。

⑤**无菌操作** 香蕉组织培养是一种无菌技术,不仅要求整个操作过程,以及一切用具、材料、培养基都是无菌的,培养室、接种室、工作人员的衣物,都要求干净、无菌。同时,工作人员在操作过程中,要遵守无菌操作规程,要严格遵守如下规定:

第一,入接种室前,要洗手,去除指甲中的污物。

第二,入室时要穿上经过消毒的工作服、帽子、口罩和鞋子等。

第三,工作人员在操作前,要用70%～75%酒精擦洗手,操作中要经常用酒精擦洗手。不准讲话,亦不准对着操作区呼吸,以免微生物污染材料、培养基和用具。每次重新操作,都要把工具放在酒精灯火焰上消毒。

第四,必须在酒精灯火焰处进行操作,如打开瓶口、转接材料等。盖瓶盖前,应将瓶口在火焰上烧灼一下,再将盖子也在火焰上烧灼一下,然后盖上。

⑥**无菌培养** 培养室内要求洁净。进入培养室时,要换上干净的拖鞋。尽量减少人员和物品的随便出入,要定期用福尔马林等消毒剂消毒灭菌。

保持恒温和控制光照。香蕉组织培养要求的温度为25℃～32℃,一般夏、秋季可用空调机来降低室内温度,冬、春季可用空调机或热风器来提高室内温度。控制光照可在培养架上安装日光灯,根据不同培养阶段对光照的要求,用人工或定时器控制光照强度与光照时间。

⑦**定期检查观察** 对接种培养的材料,应定期进行观察。一般3～5天观察检查一次,主要是检查接种后的污染情况和接种材料的生长情况,并作必要的记载,以便于对培养状况进行评价与分析,不断地提高香蕉组织培养的技术水平。

(4)组培苗繁育技术 香蕉组培苗的繁育生产过程,主要包括外植体的建立、继代增殖培养、生根壮苗培养、一级苗圃假植和二级苗圃培育等环节(图4-2)。

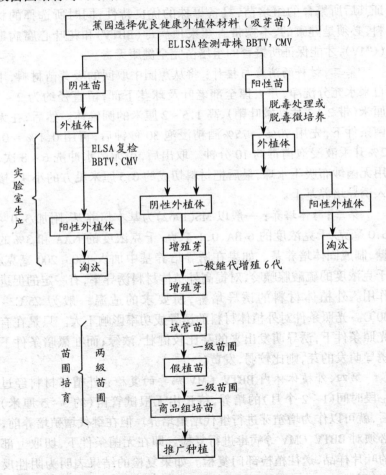

图4-2 香蕉组培苗繁育生产过程 (康火南,1998)

①建立外植体　建立外植体的操作过程如下：

第一，材料选择：在选择外植体材料时，只有精心筛选到优良香蕉品种的优良母株的吸芽苗，将其作为外植体材料，才有可能保证其后所繁育的组培苗，具备母株的优良特性；同时所选择的材料，必须是健康的，不携带香蕉束顶病毒（BBTV）和花叶心腐病毒（CMV），才能保证所繁育的组培苗完全健康无毒。

第二，材料的消毒与接种：将从蕉园中取回的吸芽苗材料，用自来水充分洗净，并去掉全部老叶及球茎下部，留直径约为 2～3 厘米（带 2～3 片幼嫩叶鞘）、高 1.5～2 厘米的圆锥体。然后，在无菌条件下，先用 70%～75% 酒精浸泡 30 秒钟后，再用 0.1%～0.2% 升汞液浸泡消毒约 10 分钟。取出后，用无菌水冲洗 6～8 次，用无菌纱布吸干水珠，最后把材料切成约 0.5 厘米见方的小块，接入诱导培养基上。

第三，离体培养：一般以 MS(1962) 为基本培养基，附加 3.0～6.0 毫克/千克浓度的 6-BA、0.1 毫克/千克浓度的 NAA 和 3% 的糖，制成固体培养基。如果在诱导培养基中加入 160～200 毫克/千克浓度的硫酸腺嘌呤，对提高外植体材料诱导率，有一定的促进作用。外植体材料的诱导培养，所要求的适温一般为 25℃～30℃。光照条件对外植体材料的诱导成功率影响不大。只是在有光照条件下，诱导萌发出来的芽比较健壮，浓绿；而在黑暗条件下诱导萌发的芽，则比较弱，发黄。

第四，外植体体内 BBTV、CMV 病毒的复检：外植体材料经过一段时间（1～2 个月）的培养，待长出无根试管苗（约 3～5 厘米）后，就可以作为增殖芽进行继代增殖培养。但在继代增殖培养前，必须对 BBTV、CMV 等病毒进行复检。即在无菌条件下，切取上部的叶片样品，送往植检部门复检。如果复检的结果表明为阴性反应（不带 BBTV、CMV 等病毒）后，其下部带有生长点及幼嫩叶鞘的外植体，才能作为增殖芽培养，否则必须去除。

②**继代增殖培养** 香蕉增殖芽的继代增殖培养,是在一定的条件下,利用激动素类物质(6-BA 或 Kt)来抑制芽中的顶端分生组织的生长,刺激通常处于休眠状态的腋芽萌发增殖的过程。

第一,培养基的配制:基本培养基为 MS(1962)培养基。

糖的含量:3% ~ 4%。

生长调节物:3.0 ~ 6.0 毫克/升浓度的 6-BA,或 2.0 ~ 6.0 毫克/升浓度的 Kt 加 0.1 ~ 1.0 毫克/升浓度的 NAA(或 IAA、IBA)。一般 6 - BA 或 Kt 具体使用的较佳浓度,应根据不同增殖芽类型进行试验筛选。NAA、IAA 和 IBA 的使用,主要起促进作用。因此,使用浓度可根据具体目的而确定。

琼脂含量:0.6% ~ 0.8%。

pH 值:5.6 ~ 5.8。

第二,培养条件:香蕉增殖芽的增殖培养,在适宜的条件下,20 ~ 30 天可增殖培养一代,一个芽一般可以增殖 3 ~ 6 个芽。除了培养基对芽的增殖培养效果有影响外,温度和光照等条件对增殖培养效果也有一定的影响。

温度是决定不定芽增殖生长速度的主要因素之一。在适宜的温度下,生长速度快,芽数多而且壮。一般试管芽增殖培养较适宜的温度为 28℃ ~ 30℃。

一般认为,暗培养与光培养相比,增殖芽增殖的不定芽更多,但所增殖的芽较弱小,而光培养条件下,增殖芽较浓绿,苗也更壮。

③**生根壮苗培养** 生根壮苗培养的操作方法如下:

第一,培养基:由于在生根壮苗培养中的香蕉试管苗吸收养分的方式,是利用根直接从培养基中吸收。如果培养基中离子浓度过高,则会抑制试管苗根系的生长,从而影响到试管苗的生长。因此,生根壮苗培养阶段的基本培养基,宜采用大量元素减半的 1/2 MS(1962)培养基。其具体组成如下:

糖的含量:2%。

生长调节物质:0.1～1.0毫克/升浓度的NAA,或IBA、IAA。其中以NAA对生根壮苗的效果最好,IBA其次,IAA最次。

活性炭含量:0.1%～0.3%。由于试管苗根生长需要黑暗条件,光照条件会抑制根的生长。因此,在生根壮苗培养基中加入适量的活性炭,可使培养基呈黑色,有利于根系生长粗壮,侧根增多。

琼脂含量:0.6%～0.8%。

pH值:5.6～5.8。

第二,培养条件:香蕉试管芽离体组织的生根壮苗培养,目的在于加速根系和苗木的生长。虽然培养基为香蕉试管芽的长根、长苗提供了良好的营养基础,但温度、光照条件在此阶段的培养中也是一个不可忽视的因素。一般地说,在合适的培养基和良好的温、光条件下,继代增殖培养后的试管芽,再经过约30天的生根壮苗培养,即可达到移栽假植的标准。

试管芽生根壮苗培养的适宜温度范围,与继代增殖培养阶段的基本相同,一般为28℃～30℃。在温度太低的情况下,不利于生根,同时长苗的速度也十分缓慢;而温度太高,对生根效果也有不良影响,苗有徒长现象。在适宜的温度条件下,试管苗根系发达,苗生长迅速,叶片大小适中、着色好。

在光照强度不足(1 000勒以下)或光照时数不够的情况下,试管苗徒长、纤弱;高位出根,根细而短;叶细长,色淡;苗移栽成活率较低。但如果光线过强(20 000勒以上),试管苗的生长也受到抑制。一般认为,适宜的光照强度为4 000～10 000勒,光照时数以每天10小时为宜。光源除了日光灯外,还可以利用太阳的漫射自然光。一般利用自然光培养的试管苗较为粗壮。辅助以蓝光和红光,对香蕉组培苗分化生长均有促进作用。在香蕉组织培养苗的生产中,可加盖蓝色和红色塑料膜来增加蓝光或红光,提高香蕉组织培养的生产效率。

第三,健壮试管苗的标准:合格的试管苗,必须无污染;根系发达,色白,粗壮,有分叉侧根及根毛,长度超过3厘米;假茎长3厘米以上,粗0.3~0.4厘米,组织结实;叶鞘长短有序,有两片以上自然叶,叶色浓绿,宽1.5厘米以上。

④试管苗一级苗圃培育 实验室繁育生产的试管苗,还不能作为种植材料直接栽培于大田,一般还须经一级苗圃的假植和二级苗圃的培育后,才能作为种植材料定植于大田。试管苗一级苗圃培养的方法如下:

第一,准备好苗圃:关于试管苗假植苗圃,即一级苗圃,前面已经讲述过,它一般具有玻璃温室、大棚等设施。在这些设施中,应根据不同季节的需要,装配好防寒保温、防热降温等设备。夏秋季节移苗时要防热降温。其具体方法有:盖遮阳网,室顶喷水,室内安装通风设施,增加空气流动等;另外用室内时常喷水的方法,也可以达到降温、增加湿度的目的。冬春季移苗时防寒保温的具体方法是:不同程度地密封玻璃室或大棚,尽可能打开遮阳网等;另外,晚上可利用电热器或其它加热设施增温。

试管苗的假植,一般栽植于苗床上。苗床一般宽为0.8~1.0米,高7~8厘米,走道宽约为0.3米。

准备好苗床后,填好基质,基质的厚度一般为5~6厘米。基质宜选择比较肥沃、富含有机质、通气性良好的壤土。如果在基质或苗床中有地下害虫,应先施杀虫剂进行防治。如有杂菌污染,可用福尔马林消毒,或喷施瑞毒霉素等杀菌剂防治。

第二,炼苗与洗苗:试管苗在移栽前,一般要经过炼苗阶段的驯化,以提高移栽成活率。炼苗的方法是,把培养室内培养的瓶苗,置于外界有散射光的地方,培养3~5天或更长的时间,再打开瓶盖培养,放置2~3天。不宜放置太长时间,以避免杂菌的污染。

洗苗,是把经炼苗后的瓶苗,放入装水的大水盆中,装少许水入瓶,轻摇,把苗倒出,然后把苗根部的培养基漂洗干净。洗好的试管苗,如不立即种植,应做好保湿工作。

第三，试管苗的移植：在试管苗种植前，应根据试管苗的大小、优劣等状况，进行分级。然后再按各种级别进行移植。移植前，要先疏松、平整苗床，并保持苗床基质的湿润。移植时，试管苗不宜种植过深，也不能种植太浅，一般深度以到假茎基部为好。移植的规格，多以 2 厘米×3 厘米为宜。移植后，应及时浇透定根水。

第四，假植苗的田间管理：假植苗的田间管理，包括如下几方面：

水分管理。试管苗在假植阶段对水分最为敏感，因此，水分的管理应该保持苗床基质的湿润，在还未成活前（未发嫩根、长新叶前），必须保持空气湿度在 95% 左右。

温度管理。温度不仅影响试管苗移植后生长的速度，还影响试管苗移栽时的成活率。如土壤温度低于 13℃，移栽苗就难以发根。苗圃的温度（尤其土温），应保持在 18℃～35℃范围内，但以保持在 28℃～30℃为宜。

防治杂菌和虫害。在苗圃假植期间，试管苗抗性比较弱，常会受到一些杂菌的污染（如丝核菌），造成茎部腐烂、霉烂而死苗。同时也应注意一些食叶类害虫（如夜蛾科的幼虫等）的防治。防止杂菌，可喷施瑞毒霉素、多菌灵等杀菌剂；防治害虫，可喷施敌敌畏等杀虫剂。

施肥。如果苗床基质比较肥沃，一般在假植期可以不施肥。如果基质肥力比较差，可在试管苗长出新根后开始经常施用一些水肥，做到薄肥勤施。可用 0.1%～0.3% 的香蕉专用肥料溶液浇施，5～10 天浇施一次。

光照管理。在一级苗圃假植期间，要注意控制光照强度。一般夏秋季节要采用散射光，避免阳光直射而造成伤苗。冬春季节也要盖上遮阳网，挡住一部分光线。这些管理措施都有利于提高假植试管苗的成活率。

⑤**试管苗二级苗圃培育**　试管苗经过一级苗圃假植后,长出了新根和两片以上新叶,假茎高在 4 厘米以上时,就可移植于二级苗圃的营养袋中进行培育。

第一,苗圃建设及育苗袋的准备:二级苗圃的建设主要是塑料大棚,具体管理的措施基本与一级苗圃相似。夏秋季节要做好防热工作,冬春季节要做好保温工作。

根据不同季节情况,准备好二级苗圃的各种具体设施后,就可开始整理苗畦,装好育苗袋。一般苗畦宽 1.0 米,走道宽 0.3~0.4 米;育苗袋的规格为 13 厘米×12 厘米。有特殊要求的,可以用较大的育苗袋。

育苗基质,可用肥力较高的壤土至黏壤土,不宜使用砂壤土。

第二,假植苗的移植:假植苗的移植,就是把经过一级苗圃假植培养后的假植苗,移植于二级苗圃育苗袋的过程。移植前,应把假植苗按不同大小进行分级移植。太小的假植苗应留在一级苗圃中,继续假植培育;还要把育苗袋的基质淋透。移植时,先疏松育苗袋表面土壤。假植苗移植的深度,以达到假茎基部为好,移植太浅易倒伏,太深则生长缓慢。移植后,必须及时浇透定根水,做好遮荫工作。

第三,二级苗圃的田间管理:二级苗圃的田间管理,基本上相似于一级苗圃假植苗的管理,但它可以比一级苗圃假植苗的管理粗放一点。首先,要根据不同季节分别做好相应的防热或保温工作。其次,要做好光照条件的管理工作。一般在移植后,假植苗还没有完全成活前,应做好遮荫工作;成活后,由于夏、秋季节阳光太强烈,也应继续遮荫;冬、春季节阳光比较弱,可以移开遮荫设施。再次,要做好水肥管理工作,保持育苗袋基质湿润,但不能渍水;肥料的管理就是时常浇用水肥,一般 7~10 天浇施一次。肥料可用香蕉专用肥配成 0.3%~0.5% 的水溶液,浓度可根据苗的大小而定。最后,要做好病虫害防治工作。具体说,就是要时常注意是否有病害或虫害发生。一旦发现病害或虫害,要及时施用杀菌剂(如瑞毒霉、多菌灵、托布津),或杀虫剂(如敌敌畏、乐果)进行防治。值得注意的是,如果苗圃与香蕉园靠近,应该时常喷施乐果等杀虫剂,防治香蕉病害的媒介蚜虫。

第四,香蕉组培苗的出圃规格:一般假植苗经过二级苗圃1~3个月的培育(夏秋季为1~2个月,冬春季为2~3个月)后,就可以作为组培苗种植材料出圃,将其种植于大田。由于组培苗是采用育苗袋培育的,生长空间受到一定程度的限制,不宜育成大苗后再出圃种植。但如果假植苗太小,种植于大田时难以管理,成活率受到一定的影响。因此,其规格标准一般为:新出叶5~8片,假茎高8~10厘米(苗高20~25厘米),同时假茎基部粗壮,叶色青绿,不徒长,无病虫害及变异(劣变)。

(5)组培苗生产中必须注意的几个问题 推广种植组培苗的主要目的,在于减少香蕉束顶病的危害,提高香蕉产量和果品质量,增加经济效益。但是,并不是一种植香蕉组培苗,就都能达到上述的目的。如果种植劣质(劣变)的组培苗,则效果正好相反;只有种植优质的组培苗,才能达到预期的目的。为此,必须注意如下几个问题:

①严格选材 对外植体材料必须严格筛选,以建立起优质的增殖芽。以漳州市整个蕉区为例,一般沿海地区适宜种植矮秆抗风的香蕉品种。这是因为矮秆品种不仅抗风,而且高产、优质,同时有较强的抗病性和抗寒性。在内地,则宜种植优质、高产的中高秆香蕉品种,也要求有较强的抗风、抗寒和抗病性等。

如何选择优良的外植体材料呢?首先,选材人员必须具备香蕉栽培和植保植检相当水平的专业知识,以避免选材时的盲目性。其次,在选材时不能局限于某一蕉园,而应广泛地从当地无香蕉束顶病和花叶心腐病的蕉园中,精心筛选。从外地或国外引进的优良品种,必须通过试种鉴定后才能采用。再次,在筛选优良单株时,不仅要对母株的园艺性状和健康状况进行鉴别,而且要在挂果期对其经济性状进行鉴别。

②**严格鉴定** 组培所用的外植体,必须选择外观是健康的外植体材料,同时必须对母株采用 ELISA(酶联免疫吸附试验)或其它有关的技术,检验鉴定其是否有香蕉束顶病毒、香蕉花叶心腐病毒等香蕉病毒存在;在外植体建立后,还必须进行复检。经过上述的检验鉴定后,结果均表明没有携带这些病毒后,才能作为增殖芽材料,进行继代增殖培养。所培育的试管苗,在一级苗圃和二级苗圃培育期间,还必须进行严格的隔离,以防止香蕉束顶病毒、香蕉花叶心腐病毒等香蕉病毒的感染。

在培育健康无病毒香蕉组培苗时,对香蕉束顶病毒、香蕉花叶心腐病毒等香蕉病毒的检验鉴定,由当地植物检疫部门进行,或由植物检疫部门委托其它技术部门完成。只有得到完全认可后,方可作为组培外植体使用。

③**严格控制** 对外植体的建立和继代增殖培养的方式方法,应进行严格的控制。只有这样,才能保证所培育的香蕉组培苗具有遗传的一致性,降低变异(劣变)概率,保证组培苗的质量。因此,在香蕉组培苗的繁育生产中,首先应采用茎尖培养技术建立外植体,诱导其生长点萌发或处于休眠状态的腋芽萌发;不要采用其它器官(如花序顶端)的培养技术,并避免其诱导愈伤组织的产生。其次,进行继代增殖培养,应采用诱导增殖试管芽材料中休眠腋芽萌发、生长的方式,避免采用愈伤组织不断增殖的方式,并且要去除其中由愈伤组织再分化出来的试管芽。再次,要严格控制增殖芽继代增殖培养的代数,避免因长期不断的继代增殖培养而增加试管苗的遗传变异性,导致种性退化(劣变)。

在香蕉组培苗生产过程中,最麻烦的问题就是外植体的建立。因此,通常为了避免麻烦以及对连续的继代增殖培养而引起遗传变异性概率的增加、种性的退化等认识不足,培育者可能对增殖芽进行长达十多代、甚至几十代的继代增殖培养,从而严重地影响优质香蕉组培苗的繁育生产。一般认为,增殖芽在六代以内的继代增殖培养,其变异的概率非常小;在六代以上的继代增殖培养,每代中产生变异的概率将会明显加大。因此,作为优质香蕉组培苗的生产,增殖芽的继代增殖培养应严格控制在六代以内。

④**严格去劣** 大批量生产香蕉组培苗,难免产生个别的变异(劣变)苗。因此,为了进一步保证组培苗的优良品质,必须严格去除变异组培苗。

在试管培养阶段,一般难以识别苗木的优劣;在苗圃培育阶段则较易识别,尤其二级苗圃阶段更易识别。因此,在苗圃培育阶段,应定期认真做好去除变异苗的工作。

香蕉组培苗发生变异的情况,在不同阶段的表现情况如下:

第一,幼苗期的劣变:叶片呈现白色或淡绿色条斑,叶片畸形扭曲,肥厚,狭长;假茎呈淡红色;叶鞘排列松散。

第二,成株期的劣变:成株期有如下几种劣变类型:

甲,矮化型:假茎粗短,叶柄短,两叶柄间的距离短,果轴很短,致使果穗不易下垂,果指排列紧密。

乙,叶形变异型:叶片狭长肥厚作直立状;叶片上散布有嵌块状的透明斑块。

丙,果穗变异型:叶片墨绿下垂,果把数少等。

(二)建园种植技术

1.蕉园的选择

香蕉原产于热带地区,具有速生快长,周年均可开花结果的特点。在整个生长发育过程中,要求高温多湿,忌低温霜冻和风害。香蕉根系为肉质,好气。水平根分布在15厘米厚的表土层,垂直根的分布可深达1.4米。蕉叶大,蒸腾量也大,对水分要求多。因此,在园地选择时,应注意以下几个问题:

(1)选择立地条件好的土壤环境 香蕉园地要求土质疏松,土层深厚,地下水位在 1 米以下,土壤为有机质丰富的砂壤土或冲积壤土,自然肥力较高,不含有毒物质,其 pH 值为 5.5~6.5,排水性能良好,涝能排,旱能灌。

(2)园地小气候无霜冻 中国香蕉产区多数分布在亚热带地区,每年冬季常遭受不同程度的低温影响。因此,宜选择空气流通、地势较开阔、无霜冻或轻微霜冻的低海拔地区建立蕉园。凡甘薯叶能安全越冬的地区,均可种植香蕉。因为,甘薯叶受冻的情况可作为香蕉临界最低温度的参考。

(3)有天然防风屏障 在沿海地区建蕉园,应根据当地风害程度,因地制宜地选择有天然屏障的地区建园。一般来说,沿海强风地区不适于栽培香蕉。如果在没有天然屏障的地区建园,应注意防风问题,宜在蕉园外围营造防风林带,以阻挡气流,降低风速,减轻风害。

(4)地势及坡向适宜 在山坡地建立蕉园,宜选择较平缓的坡地,坡度以不超过 20 度为宜。山谷、低洼地冷空气易下降积聚的地方不宜种香蕉。最好选择山脚较肥沃湿润的地方种植香蕉。

坡向宜选择南坡和东南坡向,不宜选择西坡向、西北坡和北坡向。因为同一地段,北坡向容易遭受平流冷害,且温度较南坡向低,往往寒冻害比较严重。

(5)避免病虫源 不宜在病虫害严重的蕉园附近建立新蕉园。香蕉病虫害种类较多,特别是束顶病、花叶心腐病、巴拿马枯萎病和根线虫病等危险性病虫害,对香蕉生产威胁很大。为防止上述病虫害的发生,除选植无病壮苗外,宜选择与原有病虫害有一定距离的地方建立蕉园。

2.园地选择及开园

(1)平地(包括围田区和水田地)建园 平地一般多靠近河流、江边或池塘的低田区。通常为冲积土,水位较高,土地较肥沃,土质偏黏,土壤易渍水,蕉园也易受涝害。雨季生长较差,旱季生长较好。要选择地下水位较低、疏松、肥沃、上层深厚的水田土壤来种蕉。整地宜用高畦深沟、两行植的方式。畦面宽2~2.2米,畦沟面宽0.8~1米,深0.8~1米。畦面行间可酌情再挖一条浅小沟。畦长约100米,应设田间交通路和总排水沟。这样就有利于雨季排水,旱季也便于灌水。在这种类型的园地建立蕉园,首先应考虑如何降低地下水位、逐年培土的问题。为确保香蕉正常生长,宜选择地下水位较低、土壤肥沃、疏松透气和有机质含量高的园地建园。

蕉园地址选择好之后,应对园地进行排灌系统和道路的规划。一般是根据蕉园的规模及地势,把蕉园划分成若干个小区,小区以0.67~1.33公顷为宜。小区之间设置道路及排灌系统。在地下水位较高的地区建园,为便于排水和降低地下水位,宜采用三级排灌系统,即总排灌沟、中排灌沟和小排灌沟。

总排灌沟设置在蕉园的四周,蕉园小区间设中排灌沟,畦与畦之间设小排灌沟,各级排灌沟要相互连通。这样,遇到雨水季节时,畦面上的雨水就能顺着小排灌沟、中排灌沟流入总排灌沟而排出园外。各级排灌沟的深浅和宽窄,可视蕉园的规模、地势以及地下水位的高低,灵活设置。排灌沟的深度,一般总排灌沟要浅于蕉园的外河或外溪,中排灌沟要浅于总排灌沟,小排灌沟要浅于中排灌沟。排灌沟的宽度通常是,中排灌沟窄于总排灌沟,小排灌沟窄于中排灌沟。总之,排灌沟以能自由排水和控制地下水位为佳。

平地种香蕉,应深耕30厘米以上,晒白底土。起畦根据地下水位高低而定。地下水位低,排水良好,畦面可以大些。一般畦高20厘米,宽3米,畦内小沟宽30厘米,深35厘米。

(2)丘陵山坡地建园　这种类型的园地,多数为红壤土,土壤较瘠薄,有机质含量较低,偏酸性,水源较缺乏,土、肥极易被雨水冲刷流失,特别是在倾斜坡度较大的丘陵山坡上开垦蕉园,水土流失会更为严重。因此,在建园时必须考虑蕉园的水土保持工程、土壤改良和水源等问题。为保证香蕉种后能生长良好,获得优质丰产,宜选择土层深厚,土壤自然肥力高,有机质丰富,水源涵蓄较多的丘陵山坡地建园。

在丘陵山坡地建园时,应对园地进行全面规划。除营造山顶水源林及修筑道路外,还应根据地形和年降水量,设置排灌系统,搞好蓄水引水工程。把种植行修整成水平的或稍向内倾斜的梯田,在梯田的内侧挖一条水平的蓄水式排水沟,并与蕉园的直向排水沟相连通。这样,可以防止水土冲刷流失,利于涵蓄水源,使更多的水渗入土层深处,达到保水保肥的目的。整地时,还要注意深翻土壤,并挖 0.6~1 米的深沟,施入腐熟农家肥和石灰等基肥,坡地砂壤土可暂不起畦,轻黏壤土可起单行种植浅畦。山地蕉园可采用沟植,有利于水土保持。

所有蕉园种植前整地时,应深翻土壤,晒白。这样做,有利于土壤的疏松及养分的释放,促进产量的提高(表 4-6)。

表 4-6 以色列深翻田地对提高香蕉产量的影响

处　　理	对　照	深翻处理	
		I	II
中耕深度(cm)	35	45~50	60~65
第一造果(t/hm^2)	8.0	9.2	11.9
第二造果(t/hm^2)	21.9	30.6	38.2

3.种植技术

(1)品种选择 品种的选择,既要考虑品种的质量和产量,也要考虑其抗逆性及适应性。通常干高的品种,果指较长,果形较好,商品质量高。但它抗风性差,生育期较长,种植密度较低,产量也较低,管理不方便。干矮的品种,较抗风,生育期较短,可密植,管理方便,产量也较高。但它果指较短,果形较弯,商品质量较差,对土壤、肥水要求较高。我国香蕉在夏秋季易受台风的袭击,冬季易受寒冷的危害。香蕉在一个周期中易受上述两者中的一害,上半年收获的蕉避了风,但难避寒,下半年收获的蕉避了寒,但难避风。因此,生产春夏蕉的品种,重点在于防寒,可选用中把品种、高把品种,少数避风蕉园还可采用高干品种。生产正造蕉的,重点在于防风,应选用中矮把品种和中把品种,台风严重的应选用矮干良种,台风少的宜用干高的品种。土壤的状况及肥水条件,对品种的选择也有参考作用。如土壤肥沃,肥水充足的,就种春夏蕉,也可采用中矮把品种和中把品种。这是目前世界推广的商业化品种。如土壤较瘠薄,肥水条件又差,则可用干稍高的良种,因为栽培条件不好,高把品种的株高会变成中把品种的株高。

另外,品种的选择要考虑蕉园所处的小气候,如地势低的山谷地,避风,但易受冷空气沉积的影响,宜选用植株较高的品种,使果穗处在冷空气层之上。在澳洲,为防冷空气下沉,矮干蕉多种于山坡地上。总之,品种的选择要考虑收获期、地区性、土壤肥力、肥水管理水平及小气候等因素,使选用的品种高产优质,又减少灾害损失。目前生产上推广的试管苗,多用于春植,生产春夏蕉,故多用高把品种和中把品种中的良种,少数为中矮把品种。

(2)种苗选择 种苗的选择,是香蕉生产的重要环节,种苗的好坏直接影响到香蕉的产量和品质。不同品种在产量、品质和抗逆性等方面,存在显著的差异。即使同一品种,种苗质量不同,其成活率及定植后至收获的时间,也有不同。因此,应根据当地气候特点和种植时期,选择适合当地栽培优良品种的种苗。目前生产上常用的种苗有两种,一种是传统的吸芽苗,另一种是运用现代生物技术生产的组培苗(试管苗)。

选择种苗时,应注意的事项是:①在优质丰产的母株上选苗。②禁止在有病虫害的蕉园取蕉苗。③入选的吸芽苗球茎要大,尾端要小,似竹笋,生长健壮,伤口小,无病虫害,无机械伤。④组培苗宜选择无病壮苗,叶色浓绿,有八片叶龄以上,大小较一致的无变异蕉苗。

计划当年种当年收或两年收三造的,种苗最好用较大株的吸芽苗,或用大袋培育的大组培苗。

(3)香蕉栽培制度 国外绝大多数香蕉产区,都是采取宿根栽培,一般种植5~6年更新一次。台湾省的中部,也是采用宿根栽培,但在南部的高雄、屏东地区,为便于产期控制(3~7月份采收),减少台风损害,则采取每年新植的栽培方式,以控制产期,减少台风危害,同时便于推广脱毒组培苗,减少病害。我国大陆大多数香蕉产区,均采取宿根栽培制度,两年收三造或三年收五造。此法产量高,能减少成本,也会减少黄叶病,但产期不好控制。

近几年,有些香蕉专业户,为生产优质香蕉,改变过去多年栽培的方式,采用每年新植或两年更新一次。例如,广东省东莞市麻涌镇香蕉专业户韦启文先生,采用两年收两造,第三年重新种植,并坚持每年提纯复壮,去劣留优,从而生产出质优价高的春夏蕉。

从目前香蕉栽培制度分析,以推行2~3年的宿根栽培较为经济,得益甚多。采用这种栽培制度,一方面产量高(一般第一年产量较低,第二、三年产量较高),另一方面生产成本低(节省整地、挖苗、种植、补种、施肥等成本)。但宿根蕉的球茎易浮头,产期不好控制,病虫害比较多。上述问题,可通过栽培管理加以解决。

(4)种植密度 构成香蕉单位面积产量的因素,是单位面积的果穗数、每穗的果梳数、每梳的蕉果数和果指重量。种植密度因植地条件、栽培制度、品种特性、收获期、留芽方式以及栽培水平等不同,而有较大的差异。合理密植,可以充分利用土地和光能,在保证植株有足够生长空间的情况下,适当增加种植株数,以提高产量和品质。在良好的栽培条件下,因地制宜地选择种植密度,香蕉产量可随着群体密度的增大而提高。但种植密度过大,超过一定的限度,便会出现植株间相互争夺光照和养分的矛盾。由于蕉园过度荫蔽,植株生长得不到充分的光照和养分,造成中下层叶片早衰,绿叶面积少,光合效能减弱,树体营养物质积累不足,吸芽生长缓慢,抽蕾期延迟,果实发育慢,果梳数和蕉果数量少,从而影响产量和品质。

从目前各香蕉产区的种植情况分析,一般矮把品种,在土壤肥力差的条件下,单造蕉等可适当增加种植株数;土层深厚,土壤肥沃,高把品种等种植密度不宜过大,可采取多造蕉留芽或单株留双芽的形式,来提高单位面积产量。在确定香蕉种植密度时,应根据当地气候条件和品种特性,因地制宜地选择种植规格。通常高把品种每公顷种植 1 590~1 725 株,株行距离为 2.5 米×2.5 米,或2.3 米×2.5 米;中把品种每公顷种植 1 815~2 025 株,株行距离为2.2 米×2.5 米,或 2 米×2.5 米;矮把品种每公顷种植2 190~2 490 株, 株行距离为 2 米×2.3 米,或 2 米×2 米。

印度 Challopadhyay 等(1980)用中把蕉进行密度试验,每公顷分别种植 2 500 株、1 600 株和 1 125 株,结果低密度可减少至抽蕾的天数和果实成熟的时间,株产也随密度减少而增加,梳数和果数也有同样的趋势,但单位面积产量却显著减少(表 4-7)。孟达(1980)用茹巴斯打香蕉进行试验,也有同样的效应。

表 4-7　中把蕉不同密度对生育期、产量的影响

(Challopadhyay 等,1980)

种植密度(株/公顷)	种植至抽蕾天数		抽蕾至收获天数		产量(千克/公顷)	
	新植	宿根	新植	宿根	新植	宿根
2500(2 米×2 米)	418	540	111	117	26000	27000
1600(2.5 米×2.5 米)	411	526	104	110	17760	19000
1125(3 米×3 米)	407	516	100	105	13725	14962

李丰年等(1994)报道,在广东廉江用广东香蕉 1 号进行密度试验,证实随密度增加,每公顷产量也增加,且在同样 3030 株/公顷的高密度下,双株植比单株植春夏蕉的产量增加 6.22 吨/公顷(21.7%),说明不同种植方式对密度的效应不同(表 4-8)

表 4-8 广东香蕉 1 号春夏蕉不同种植密度的效应
(李丰年等,1994)

株行距 (米)	密 度 (株/公顷)	株 产 (千克)	产 量 (吨/公顷)	果指长 (厘米)	备注
2.33 × 2.13	2010	12.27	24.66	18.9	
2.33 × 1.80	2370	12.58	29.81	18.6	
2.33 ×(2.13 + 0.67)/2	3030	11.51	34.88	18.1	宽窄行 种植
2.33 × 1.4	3030	9.46	28.66	17.7	

(5)种植方式 香蕉种植方式,既要方便机耕及管理,又要有利于香蕉的生长及产量和品质的提高。目前,国内外香蕉生产多采用长方形、正方形、三角形等高种植及宽窄行高畦等五种种植方式。现将各种种植方式介绍如下:

①矩形种植 这种种植方式,采用正方形或长方形排列,行距等于或大于株距,蕉园通风透光良好,有利于蕉园间种、土壤耕作、病虫防治以及其它管理。平地蕉园普遍采用。其株行距大致可分成 2.4 米×2.4 米,2.4 米×2.25 米,2.4 米×2.1 米,2.25 米×2.25 米等四种,每 667 平方米定植株数分别为 115 株,124 株,132 株和 130 株。

②三角形种植 该种植方式,是株行距呈等边三角形排列。这种排列法,株与株间的距离都相等,蕉株平均分布于蕉园,每株的叶片可接受相等的日照,能经济利用土地,提高单位面积内的种

植株数。但蕉园管理较不方便。在中美洲及菲律宾等国家种植香蕉,均采用三角形种植方式。

③等高种植 这种种植方式,适合于在丘陵山坡地采用。一般顺山坡地势按等高线定种植坑,并将种植行修整成梯带状,以减轻水土流失。

④宽窄行高畦种植 这种种植方式,可根据土地肥力情况确定种植规格,很适合平地蕉园采用。一般宽行距为 3~3.5 米,窄行距为 1.2~1.5 米,株距为 2~2.3 米。每畦采用双行植。宽行间可视蕉园的水位决定开沟的深度,以利于排灌和控制地下水位。

种植行的走向,在亚热带蕉区,一般为东西走向。这种走向有利于冬季阳光对植株的照射,以及在有南风的天气时喷药。

(6)种植时期 香蕉是热带常绿果树,一年四季均可种植。具体的种植时间,在生产上主要根据不同地区的气候条件和上市时间来确定。目前大多数香蕉产区,主要采取春植和秋植两种。春植是在 2~4 月份种植。如果要求定植后当年能收一造冬蕉,种植期不宜太迟,而应在 2~3 月份,选用越冬大吸芽苗或袋装大组培苗种植(表 4-9)。这时,正值气温开始回升,雨水逐渐增多,定植后蕉苗成活率高,速生快长,在良好的栽培条件下,9~10 月份可抽蕾,当年 12 月份至次年 1 月份即可采收。如台湾省高屏地区,2~3 月份种植香蕉,90%以上生产冬蕉。福建省漳州于 2~3 月份种植越冬大吸芽苗,当年 8~9 月份抽蕾,年底前即采收。但冬季温度偏低或有霜冻地区,春植不宜过早,以免遇上寒流,使蕉苗遭遇冷害,影响成活率。春植也不宜过迟,因为迟种,生长期短,抽蕾迟,果实在冬季生长发育不良。秋植以在 9~10 月份为宜,植后当年仍有两个月的生长期,可以积累一定养分;翌年春暖后即能迅速生长。栽植过早过迟,对蕉苗的生长都不利,如果在 7~8 月份高温季节种植,天气炎热,对根系生长不利,种后根系不易生长,还易感染病害,蕉苗成活率不高。11 月份以后定植,由于气温逐渐降低,植株生长缓慢,幼苗抗逆能力较弱,若遇上低温干旱天气,则易遭受低温冷害。具体种植时期,可根据当地气候特点、土壤肥力、栽培管理水平、收获期和种植密度等,灵活掌握。近年来,沿海或平原有一部分蕉农在5～6月份炎夏来临之前,赶在雨季有利时机定植,成活率达95%以上,闯出了一条全年可定植的成功之路。

表4-9　广东香蕉1号高密度不同植期春夏蕉的产量

(李丰年等,1994)

植　期	种植密度 (株/公顷)	株　产 (千克)	产　量 (吨/公顷)
3月30日	3030(孖株植)	13.45	40.75
4月15日	3030(孖株植)	11.74	35.57
4月30日	3030(孖株植)	9.72	29.45

(7)种植方法　为保证香蕉种植后能速生快长,在种植前必须施足腐熟基肥。丘陵山坡地宜挖大坑种植,坑深50～60厘米,长、宽各60～80厘米。种植坑挖好后,要分层施入基肥和石灰,以提高土壤肥力。施入坑内的基肥,要与表土充分混合,以防止肥分过浓伤根。平地蕉园由于水位较高,可以采取深沟高畦的种植方式,以相对降低地下水位,利于蕉苗的生长。

蕉苗种植后能否成活,关键在于蕉苗质量、种植时期和种植方法。就蕉苗质量来说,首先要检查蕉苗是否带有危险性病虫害或变异植株。若发现有花叶心腐病、束顶病、巴拿马枯萎病、根线虫病以及变异植株,应及时清除。蕉苗在起苗、装苗、运苗和栽种等过程中,都要小心轻放,防止碰伤压坏,影响成活率。由于香蕉根系浅生,蕉苗种植深浅要适中。如果种植过深,蕉株难于发根,恢复生长较慢;种植太浅,地下球茎(蕉头)容易暴露,不利于植株的生长。一般春种应比秋种稍浅些;平地种植要比丘陵山坡地种植浅些;大蕉、粉蕉种植要比香牙蕉深些。总之,不论是吸芽苗还是组培苗,种植深度以比原蕉苗在苗圃的深度稍深1~2厘米为宜。种植时,把蕉苗放在定植穴的中央,然后覆盖细土,并用手稍加压实,使蕉苗不容易摇动,最后淋足定根水。秋植蕉苗若遇上干旱天气,要注意蕉头周围盖草保湿,以减少水分蒸发,提高成活率。如果采用吸芽作种苗,如发现吸芽上还长有小芽,要用小刀切除,以保证养分集中供给种苗。种苗要按大小分级,力求粗壮整齐一致,同时种苗切口应向着同一方向,以便使今后生长留芽一致,抽蕾方向相同,便于管理。

定植后,如发现缺株要及时补植。如因天气干旱,补植蕉苗可挖取不久前收果母株抽出的壮吸芽,连带部分母株球茎一起栽植。因为母株球茎贮存的养分和水分较多,故所栽吸芽容易成活。

组培苗种植时应注意以下几点:

①先将苗淋透水,使泥土不松散。

②拆开营养袋,将组培苗定植于土质疏松的细土中,再覆上细土,用手轻轻压实。组培苗不可种植过深,否则,不利于生长。

③经常检查,发现劣变株要及时挖掉补种。

④组培苗前期抗性差,易感花叶心腐病,故不宜在蕉园套种病毒病和蚜虫的寄主作物,如叶菜类和茄科、豆科作物。

⑤苗高1.2米以前,每隔7~19天,喷一次辟蚜雾1000倍液。夏秋种植蕉苗,需加喷植病灵800~1000倍液。

⑥苗期应常淋水,排水,松土,注意保持土壤疏松和湿润,并忌积水,以免影响根系生长。

⑦苗期每10~20天喷一次叶肥,如磷酸二氢钾和尿素等。

(三)土壤管理技术

1.土壤覆盖

蕉园土壤覆盖,对调节土壤温度,保持土壤湿度,增加腐殖质含量,提高香蕉质量及产量,有显著的作用。在高温季节,阳光直射土壤时,土温很高,对浅生的根系不利。而实施土壤覆盖,就可降低土层温度,减少土壤水分蒸发,提高肥效。在冷季,进行土壤覆盖可减少土壤的热辐射,对土壤起保温作用,减少根系的冷害。同时,土壤覆盖可抑制杂草的生长,减少病虫害。多数覆盖物腐烂后,可疏松土壤,增加土壤的有机质。

对土壤起防寒、保湿、保温作用最好的,是塑料薄膜(地膜),尤其是漫反射黑色地膜,效果更好。印度巴打查亚(1987)用 0.2 毫米黑色乙烯薄膜、蔗叶碎片(15 吨/公顷)和香蕉植株碎片(10 吨/公顷)覆盖蕉园土壤,结果显著增加了果实的果指长、直径和体积,也提高了产量。最有效的是薄膜,其次是蔗叶碎片和香蕉碎片。国外试验用黑色薄膜覆盖结合滴灌,能促进植株生长,控制杂草丛生,提高灌溉效益,但成本费用较高。我国目前在少数冬种作物上已推广使用地膜,对香蕉也同样有效。据广东省高州市分界农场1988 年在秋植香蕉上用黑色地膜覆盖的初步试验,冬后植株比对照大 1 倍以上。地膜的吸热保湿功能较好,但成本较高,田间管理也不方便。我国多数蕉农习惯于就地取材,利用无病蕉叶和香蕉假茎、稻草、蔗叶、蔗渣、烟草秆、干杂草及其它作物残体,在秋冬季用来覆盖蕉园土壤,效果也不错。干物覆盖,一般用量为 10～15 吨/公顷。新植或植株小时可以实行植穴覆盖,覆盖物用量可少些。广东省阳江市部分香蕉园利用烟草茎秆覆盖,不但能增产,抗病虫,而且抗寒效果也很好。

土壤覆盖,通常于旱季采用。雨水太多的季节,在土壤渍水的情况下,覆盖会加剧渍水的危害,并导致根系上浮,故不宜采用。

2.除 草

香蕉的根系分布浅,杂草丛生会与香蕉争夺养分和水分,影响香蕉的正常生长,降低产量,诱发病虫害。成年香蕉植株,由于叶面积大,遮荫,可抑制杂草的生长。但在种植初期,植株小,杂草很易生长,尤其是春夏季杂草生长更快。所以,种植初期要常除草。

香蕉除草,从定植整地前就应开始。整地前有杂草的,应喷草甘膦杀死杂草,再耕翻松土。整地定植后、杂草未生长之前,应喷丁草胺或拉索等,抑制杂草的萌发。蕉苗成长后,一般根区采用人工除草,根区以外可用人工除草,也可用化学除草。化学除草,通常使用草甘膦和克芜踪(百草枯)两种除草剂。草甘膦为内吸性的,除草较彻底,但对香蕉毒性大。若香蕉植株吸收太多,也会死亡,故要慎用。一般在香蕉幼株期,于无风的天气,喷杀畦沟或较远离植株的杂草。克芜踪为触杀性除草剂,使杂草地上部枯死快,但草头通常不死,对香蕉叶片也有一定的毒性,故须在无风的天气使用,以避免触到蕉叶。化学除草效率高,杀草效果好。人工除草,可结合进行松土。这有利于根系的生长,但根多或根浅生时易伤根。实践中,通常将人工除草和化学除草结合起来使用。但在根系旺盛生长的5~8月份,不宜采用人工除草,以免踩断根系。

3.中耕松土

香蕉园中耕松土,应根据根系的生长规律和当地的气候条件来进行。除结合除草时松土外,宿根栽培的通常在早春雨季前,全园深翻土壤一次。这时温度较低,湿度较大,新叶新根生长少,断根对植株影响不大,况且多数植株此时已收获或处于挂果后期。松土主要是晒白土壤,增加养分的释放,使土壤疏松透气,有利于新一年吸芽株的生长。一般松土深度为15~20厘米。未收获的植株,蕉头土壤不要翻松,或只作浅松,由蕉头附近向外逐渐加深,松后施腐熟农家肥及无机肥。这样,下雨后,新根生长时即可吸收,效果很好。但香蕉旺盛生长季节通常不松土断根,尤其是抽蕾期,松土断根会影响抽蕾及果实的生长发育。蕉园中耕,还可以结合增施有机肥和清除隔年旧蕉头。中耕结合增施有机肥,可以提高土壤肥力,改善土壤透水通气性能,促进土壤微生物的活动,提高土壤保肥保水能力,为新根和地下茎的生长创造条件。隔年旧蕉头不及时挖除,任其生长,会继续消耗养分,妨碍子株球茎和根系的生长。因此,每年在中耕松土时,要将隔年的旧蕉头挖除。但是,当年的旧蕉头要保留,以使其养分继续供应新植株的生长。

4.培　土

香蕉球茎有往上生长的习性,露出地面部分的球茎,根系就不能生长,植株长势弱,抗风性也差,尤其是试管苗种植的植株更易露头。宿根栽培留二路芽以后的芽,吸芽浅生,也易露头,故必须定期培土。蕉园培土,可以加厚表土层,为根系生长创造良好的环境条件。培土通常结合施肥和修沟。雨季植穴施肥后,用土覆盖肥料,中后期培土可取畦沟的积土放于蕉头处,露头严重的,要加宽畦沟,以便让更多的泥土堆向畦面。

香蕉喜欢客土。广东珠江三角洲、福建漳州天宝等地的蕉农,有给香蕉上湿河泥和塘泥的习惯。湿河泥和塘泥,是一种很好的肥料,除可供给养分外,还可起到培土和湿润土壤的作用,对防止球茎露头、促进香蕉生长发育,极为有利。蕉园畦面上河泥和塘泥,要选择适宜气候和结合其它栽培措施进行。通常每年上河泥或塘泥两次:第一次是在3~4月份,天气转暖之后结合除草进行。此次上泥量宜多些,有覆盖杂草和平整畦面的作用。第二次是在9~10月份,上泥量较第一次少些,此次上泥有缓和土壤干旱、防止植株营养器官早衰、促进植株生长的作用。在下暴雨前后,应停止上湿河泥或塘泥,以避免土壤缺氧引起大量烂根。选干旱天气上泥,效果更好。

没有施河泥条件的蕉园,可通过清理畦沟的方法,把畦沟淤泥铺在畦面。若能用土杂肥、蘑菇土、火烧土培土,则效果更好。

5.挖除旧蕉头

香蕉采收后,母株残茎经60~70天后基本上已腐烂,对子代无多大益处。根据印度利用同位素磷测定,假茎在采收后70天,吸芽从残株中吸收的养分已经很少,故要及时挖除旧蕉头,填上新土。这样做,有利于减少病虫害,促进子代根系的生长。如与早春松土时间相符的,与松土结合起来进行,效果更好。

6. 间作与轮作

(1) 间作 香蕉生长初期,叶面积较小,为增加土地的利用率,可间种一些短期的经济作物,增加经济收入,减少杂草生长。尤其是一些新蕉区,更是可以这样做。如1990年,广东省中山县的杨锦辉采用东莞中把吸芽苗春植,在2400株/公顷的密度下,行间间种生姜,结果生姜收益2.7万元/公顷,香蕉产量(雪蕉)也达45吨/公顷。而且吸芽生长较快,大部分可在翌年9月份采收。

但土壤肥力不高,管理不精细及病虫害较多的旧蕉园,通常不要进行间种,尤其是对香蕉生长有影响的间作物,如蕉园间种水稻,只适应于地下水位较低而且稳定,土层较深厚,排灌良好的水田,否则,香蕉和水稻均生长不好。即使间种,间作物也要远离蕉株。如广东番禺的吴润根,1992年春植香蕉间种花生较近蕉头,花生收获时蕉根松断较多,使香蕉发黄,生长缓慢,即使后来增施肥料,香蕉也延迟抽蕾近1个月。另外,一般蕉园,尤其是花叶病严重的蕉区秋植试管苗,不能间种黄瓜等花叶病毒寄主作物。

香蕉间作,必须满足如下三点:一是间作物生长期短,在香蕉成株前可收获,后期不与香蕉生长争夺养分及阳光;二是间作物不能遮荫香蕉,间作物生长期长的,如生姜等,本身应为喜阴性,被香蕉适当遮荫后,反而生长较好;三是间作物不能是香蕉病虫害的寄主或中间寄主。

(2) 轮作 国外一些热带地区的蕉园,土壤肥沃,无病虫害,留芽适当,蕉园寿命可达十几年至几十年。如西蒙氏提到的,印度有超过100年、乌干达有50~60年的老蕉园。在我国,由于病虫害、气候及土壤等管理上的原因,香蕉栽培3~4年后产量质量均大幅下降,需要进行轮作。轮作可选择花生、水稻和甘蔗等作物,这样有利于调节土壤的理化状况,减少病虫害。尤以水稻轮作为好。

一些病虫害较少、土壤肥沃的新蕉区水田蕉,在种植3~4年水稻后,也要重新种植香蕉。他们多数采用换位法,把原来的畦沟填上土,重新在原来的畦中挖畦沟。多数冲积土,下层土壤养分含量丰富,深翻晒白风化后,重新种植香蕉,可以获得优质高产。也有一些蕉农,承包5~6年的土地,采用香蕉与大蕉轮作,先种2~3年香蕉,再换种2~3年大蕉,利用大蕉抗性强,对土壤要求不高的优点,种植大蕉时不必重新挖沟起畦,降低成本。

（四）水分管理技术

1.香蕉的需水特性

科学的水分管理是获得香蕉优质高产的重要措施之一。前面已介绍了香蕉对水分的要求,水分不仅影响香蕉植株的生长发育,也影响到根的生长及对矿质营养元素的吸收。可以说,香蕉栽培中肥多肥少,只是产量高些或低些的问题;而水分过多或过少,则可能使香蕉失收。故水分的管理,应该说比施肥管理更重要一些,这一点往往被多数人所忽视。

香蕉在不同的生长期,对水分的敏感程度不同,其最敏感期是花芽分化至抽蕾期,如此期水分过多或过少,则对果实的产量和质量产生很大的不利影响。廖镜思、陈清西等(1990)研究表明,香蕉的果穗重量和果指重量,与花芽分化期的旬雨量,呈极显著正相关。而苗期轻微干旱,则只影响生育期。一般花芽分化期至幼果期水分充足,而挂果中后期适当的控水,有利于提高果实的品质风味和耐贮性。

香蕉的需水量较大,土壤水分不足对它的生长影响很大。但香蕉的根为肉质根,若土壤水分过多,则又会影响其透气性,对根的生长和吸收不利。这一点是香蕉水分管理的困难之处。

我国蕉区的雨量分布极不均匀。夏季常雨量过多,而秋季则有时雨量过多,造成涝害,有时又雨量过少,造成短时干旱。春季有时也干旱,如2003年福建省闽南地区春旱,使大多数蕉园无法种植。冬季多为干旱季节,但气温低,故干旱对香蕉影响不大。

2.雨季涝害及排水

雨季如连续几天至十几天下雨,使地下水位低的坡地、山地蕉园的土壤经常处于渍水状态,土壤氧气缺乏,危及香蕉根的活动和寿命。而地势低,地下水位高而又排水不良的蕉园,雨量过大时则会发生浸水。有些河边、海边的围田蕉园,还会受堤坝崩溃时外来水的浸泡。如1989年,中山市沿海多处堤坝崩溃。1993年,18号台风使中山、番禺、佛山等地的许多蕉园受浸。1994年6月,3号台风使西江、北江下游多数蕉园受浸。因为雨季多在高温季节,香蕉处于旺盛生长期,这时的高温暴晒又会加剧涝害的危害,涝害造成的损失十分严重,有时比风害、冷害更严重。

涝害对香蕉生长的危害程度,通常是海水浸蕉园比淡水浸蕉园严重,浸水时高温暴晒比低温阴天严重,退水迟比退水早严重,退水后干旱比适当雨量严重,浸水前10~20天施肥的比不施肥的严重。香蕉在不同生长期,对涝害的敏感程度也有差异。其最敏感的是抽蕾期,其次是孕蕾期和结果期,而幼株和快收获的植株,则耐涝性稍好。

香蕉的排水,包括土壤内部排水和外部排水。内部排水,是指土壤的疏水性,它与土壤质地、结构及畦的长短宽度有关;外部排水,是指蕉园的排水性,它与地势、排水设施等有关。土壤排水不良的检查,可挖蕉园的土壤,观察其犁底层下褐斑氧化层的深度,褐斑氧化层深甚至没有的,说明土壤排水性良好。旱田、旱地蕉园,要注重土壤的内部排水性。水田蕉园的渍水和浸水,在雨季经常发生,既要注重土壤的外部排水性,也要注重内部排水性。由于涝害比旱害更严重,蕉园排水不良,导致根系腐烂,肥害发生,叶片早衰,果实在树上成熟,致使产量减少,品质下降。因此,一定要注意排水。地势低、经常浸水的地方,要筑牢固的防水坝,并配备相当排水量的抽水机,以防内涝。蕉园要建好三级排水沟,保证地下水位能降至1米以下。内部排水性较差的土壤,要用一畦一行的整地种植方式。对于旱田、旱地蕉园的排水,主要是根据土壤的排水性来整地,砂质土壤可起浅畦;而土壤较黏重的畦沟则要深些,并以一畦一行的整地法种植,以利于排水。

3.干旱及灌溉

(1)四季的水分特点 香蕉对水分的需要量,随着气温的升高和植株的增大而增加。在冬季,由于温度低,蒸发量小,植株生长慢,水分消耗较少,除在霜冻天气时用灌水来减轻冷害程度外,在寒冷前可适当控制水,抑制植株叶片的抽生,这对提高植株耐寒力有好处。春季干旱,对抽蕾的植株及新植蕉园影响也甚大。夏季一般不干旱。秋季是香蕉生长发育的关键时期,多数植株进入花芽分化或抽蕾期,叶面积大,根系生长多,需水量大,且白天阳光暴晒,气温高,干燥,几天不下雨就会导致香蕉水分供求不平衡。即使是水田蕉园,畦沟中有水,但由于蕉根在夏天雨季时浅生(0~30厘米土层),对地下水也难以吸收。这时,土壤耕作层中,有效水分大大减少,造成叶片下垂,叶色变淡,叶片寿命短,抽蕾的植株花蕾下弯不好,蕉指也较短小。因此,秋季是香蕉灌溉的关键时期。

(2)香蕉的灌溉方式 香蕉的灌溉方式有以下几种:自压灌溉、人力浇水、高头喷灌、微喷灌及滴灌等。

①**滴灌** 是香蕉灌溉与施肥的最好形式,可以较准确地计算灌溉量,把灌溉和施肥结合起来。最近广东省已成功开发出香蕉滴灌自动控制系统。但滴灌投资大,成本高,在我国一时难以普及。同样,固定的高头喷灌也暂时难以在我国的蕉园普遍推广。在香蕉生产上,目前可以采用投资较少的微喷灌。

②**人工降雨** 是用小喷嘴抽水机(人工降雨机),在全园树冠上进行大面积喷洒,相当于高头喷灌,但水源不能太远。该法不仅能增加土壤湿度,也能增加蕉园空气湿度,降低温度,对香蕉生长

有利,但容易使真菌性病害传播。目前,有少数水田蕉园或鱼塘基蕉园,采用此法灌溉。

③自压灌溉 是旱田蕉园采用水库水,旱地蕉园采用抽水机抽水,使水由畦沟流过,稍浸透畦面土壤即断水。在水田蕉园,利用涨潮时河涌水位高于畦面,灌水时将河涌水放入蕉园,水稍过畦面后即抽排水。这种灌溉水也称跑马水。该法用水较浪费,灌水量难以掌握,也易使肥料流失。

④人力浇水 这是在无自压灌溉又无灌水设备时使用。旱地蕉园通常用人力担水淋灌,在幼苗期需水量少时较容易做到,但植株大时则因用工太多而难于实施。水田蕉园,则用粪勺将畦沟中的水洒向畦面。番禺有位蕉农将小型喷水机装在小船上,在涨潮畦沟水位较高时,让小船在畦沟中行驶,边行驶边将畦沟中的水抽喷向两边的畦面。整套设备仅1 000多元,可供20~40公顷蕉园使用,可大大节省淋水劳力和提高工作效率,是一种值得水田蕉园推广的实用灌溉方式。该法相当于国外的冠下喷水,只是就地取水罢了。

灌水量依土壤干旱程度而定,一般灌水后以土壤含水量为田间最大持水量的60%~80%为宜。灌溉次数,则依香蕉的需水量和土壤蒸发情况等而定。一般高温干旱季节一周灌两次,每次以相当于10~15毫米的降水量为宜。在低温干旱季节,则10~15天灌一次。

⑤防旱措施 对于无法灌溉的蕉园,要采取防旱措施,以减小干旱危害程度。比较有效的措施有:①地面覆盖。用地膜、稻草和干蔗叶等覆盖蕉园土壤,可减少土壤的水分蒸发。印度用0.2毫米厚的黑色薄膜覆盖地面,效果相当好。东莞蕉农罗沃全利用稻草盖土,效果也不错。稻草不能太厚,否则雨天会引根上浮,致使干旱时根系死亡。一般3公顷地的稻草,可覆盖1公顷地的蕉园。②合理密植。利用植株叶片进行遮荫,调节地温,减少水分蒸

发。以色列的气候较干燥,雨量少,常利用丛植(2~3株丛植)的方法进行合理密植,来保持土壤水分。我国海南省和粤西地区,太阳光充足,气温高,灌溉困难的旱地蕉园,也采用密植方法来减少干旱危害。密植的标准,一般为中干品种每公顷种植2 700~3 000株。③浅沟种植。对于排水性较好的旱地蕉园,宜采用浅沟种植方式,即植穴低于畦面10~15厘米。这样,有利于保持雨水,防止水土和养分流失,对克服短期干旱有好处。

(五)施肥技术

香蕉是生长快、投产早、产量高的大型草本果树,在整个生长发育过程需要大量的肥料。如果肥料不足或不及时供给,植株生长不良,就不可能获得优质丰产。合理施肥,是根据香蕉不同生长发育阶段及时足量施肥。前期施肥不足,生长缓慢,长势不良,后期虽然施足肥料,产量也很难提高,而且采收期也会推迟。如果肥料过度集中在早期,而后期肥料不足,香蕉就会出现早期营养生长过旺,后期营养不足而早衰,影响产量和品质。由此可见,正确施肥,是香蕉获得优质丰产的关键。香蕉施肥,必须根据蕉园土壤和叶片分析的情况,结合土壤耕作和留芽制度来进行,搞好各种肥料的配合。这样,才能发挥肥料的效应,提高肥料的利用率。

1. 香蕉的营养特性

香蕉定植后,其根叶生长达到一定程度,对营养物质的吸收便明显增加。进入旺盛生长期后,其吸收量达到最高峰。根据分析,香蕉植株各器官中含有多种营养元素,除碳、氢、氧三种主要元素外,还有六种大量元素和六种微量元素。香蕉每年吸收营养的情况,如表4-10所示。这些必需微量元素,在香蕉各器官中虽然含量不多,但如果缺乏就会妨碍香蕉的正常生长。如缺硫,其叶片褪绿黄化,不能合成蛋白质,从而引起氨基酸的累积;缺铁,则引起幼龄叶片叶脉间褪绿。香蕉各种元素的缺乏症状,见表4-11。目前

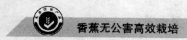

在香蕉栽培上,对微量元素的施用已日益引起重视。

表 4-10　香蕉园每年吸收的营养元素平均量(不含根系)

(黄秉智,1995)

元　素	50 吨鲜果取去的数量(千克/公顷)	留在植株上的数量(千克/公顷)	总　量(千克/公顷)	鲜果取去的比例(%)
氮	189	199	388	49
磷	29	23	52	56
钾	778	660	1438	54
钙	101	126	227	45
镁	49	76	125	39
硫	23	50	73	32
氯	75	450	525	14
钠	1.6	9	10.6	15
锰	0.5	12	12.5	4
铁	0.9	5	5.9	15
锌	0.5	4.2	4.7	12
硼	0.7	0.57	1.27	55
铜	0.2	0.17	0.37	54
铝	0.2	2.0	2.2	9
钼	——	0.0013	——	——

注:种植密度为 2 000 株/公顷,平均株产量为 25 千克

表 4-11 香蕉叶片缺素症状综述 （王泽槐，2000）

叶 龄	叶片的症状	其它症状	所缺元素
老叶和幼叶	均匀一致的暗淡发白	粉红色叶柄	氮
		中肋弯曲(下垂枯萎)	铜
	整片叶黄白色	—	铁
		侧脉增粗	硫
幼 叶	横穿叶脉的条纹	叶片畸形(不完全)	硼
	沿着叶脉出现条纹	最幼叶背面带红色	锌
	边缘失绿	叶脉增粗,从边缘向内逐渐坏死	钙
	边缘锯齿状失绿	叶柄折断,幼叶带青铜色	磷
老 叶	叶片中部失绿,中肋及边缘仍旧保持绿色	失绿界限不明显,假茎散把	镁
	叶片暗黄绿色	—	锰
	橙黄色失绿	叶片弯曲,很快失水	钾

(1)主要营养元素的作用 香蕉生长迅速,一年即可开花结果,在整个生长发育过程中,需要从土壤中吸收大量的营养元素。根据广东省农业科学院土壤肥料研究所分析,每生产 1 吨香蕉果实,需吸收氮 5.1 千克,磷 0.95 千克,钾 18.8 千克。从表 4-12 可以看出,在香蕉的根、茎、叶、花、果各器官中,氮、磷、钾含量的比例,以钾的含量为最高,说明钾在香蕉生长发育过程中占有很重要的地位。

表 4-12　香蕉植株各器官的三要素含量(干物质中的百分比)
(曾惜冰,1990)

器官部位	氮(N)	磷(P_2O_5)	钾(K_2O)
假　茎	1.07	0.28	8.20
主要根系	1.04	0.22	4.12
叶　柄	1.03	0.28	4.20
叶　片	2.26	0.38	2.93
果　轴	1.28	0.86	14.28
果　实	1.02	0.27	3.57

①钾　钾在香蕉植株中含量最高。合理施用钾肥可提高叶片光合作用能力,促进植株生长,果穗增大,梳数增多和果指增长,从而增加产量,并且加强组织坚韧性,提高植株抗风、抗寒和抗病虫害的能力。钾肥充足时,球茎、假茎粗大,叶色浓绿较厚,而且较直立,果实生长发育良好,能提高果实的品质及耐贮性。当钾肥供应不足时,植株生长缓慢,叶片变小,叶绿素减少,老叶提早褪绿黄化,植株组织脆弱,容易被风吹折而倒伏,并易导致病虫害发生,同时抽蕾迟,果穗的梳数和果数较少,果指瘦小弯曲,出现畸形,影响香蕉的产量、品质和耐贮性。但钾也不宜过多,否则会造成香蕉在未采收前果肉变黄,影响果实的品质和耐贮性。故在生产上,应重视钾肥的合理施用。

②氮　氮的重要性仅次于钾。氮对香蕉植株的生长、开花和结果,影响很大。合理施氮肥,能加速植株生长,加快叶片抽生,使叶色浓绿,植株抽蕾早,产量高。因氮在植物体内不能贮存,所以除其它因素如温度、水分等因子外,香蕉吸收足够的氮,就会刺激生长。氮肥缺乏时,植株生长缓慢,叶色淡绿,叶片抽生慢,叶面积缩小,光合作用减弱,抽蕾迟,果穗小,产量低。田间很容易出现缺

氮,施氮不足,缺水或排水不良,根系生长不好,杂草丛生争肥等情况,都会引起植株缺氮。但氮肥过多时,尤其是生长后期氮肥过多,对植株的生长也不利。由于氮在植株中含量过高,植株生长迅速,组织松软、脆弱,抗逆能力下降,容易发生叶斑病,果实易受机械伤和感染炭疽病,使品质和耐贮性降低。

③磷 磷在香蕉植株中的含量虽然不多,但它是构成细胞核不可缺少的物质。磷能加强糖的合成和运转,参与光合作用各阶段的物质转化,提高细胞结构的水合度和束缚水的能力,增强植株抗旱、抗寒和抗病的能力。适量施磷,可促进根系的发育,使果实提早成熟,糖分提高。缺磷时,根系和地上部的生长受抑制,老叶边缘缺绿,叶尖枯黄,新叶短而窄,果穗的梳数少,果指小,影响产量和品质。但磷过多,果指发育反而受抑制。在栽培上,可通过地面施肥和叶面喷施磷酸二氢钾,来提高磷肥的含量及利用率。

④钙 钙对香蕉生长及产量的影响不很明显,但对果实品质影响较大。缺钙时,果实品质低劣,香蕉黄熟时果皮易裂。钙属不容易移动的元素,植株生长过速及施钾过多而钙的吸收跟不上时,植株新叶就易缺钙,产生叶片缺刻或无叶片的"穗状叶"。这种情况在初夏或台风危害后吸芽生长快速时可见到。酸性较强的红壤土,也曾见过缺钙使叶片发育不良的现象。

⑤镁 它是叶绿素的组成元素之一,也是多种酶的活化剂。镁不足,植株生长缓慢,叶的寿命变短。我国沿海冲积土中镁的含量很高;而由花岗岩形成的赤红壤土,镁的含量常较低,熟化程度高及种植多年的蕉园,镁的含量也偏低。在栽培上,可通过地面施用硫酸镁、钙镁磷和叶面喷施硫酸镁,进行补充。

⑥硫 田间一般很少缺硫。硫对香蕉生长影响较小。缺硫时,香蕉幼叶呈黄白色,生长受到抑制,果穗很小或抽不出来。

(2)无机养分的分布与吸收

①分布 香蕉无机养分的分布,依器官、个体发育等不同而

异。在植物体内,各器官中营养元素的含量是不同的。就是在同一器官中,营养元素的含量也有所不同。比如叶片,钾、磷、铁、钙等,主要集中在叶子的基部;而氮、锰、镁等,通常集中在叶尖。对每一元素来说,浓度梯度的大小和方向,既受元素供给情况的制约,也受叶龄的影响。器官发育的不同阶段,其营养元素含量也是变化的。在健康的植株上,随着叶龄的增加,叶片中氮、磷、钾、铜、钠等含量下降,钙、铁、锰、锌、镁等含量增加,硫、硼、氯等相对稳定。从一张叶片到另一张叶片,营养元素浓度的变化是受供给量的影响的。如钾充足时,从心叶到老叶钾的含量是相对稳定的;当缺钾时,钾的含量随叶龄增加而急剧下降,尤其是叶柄。

植株在不同的生长期,其各器官营养元素的含量是不同的。如植株抽蕾后,可移动的元素在体内重新分配,假茎、叶片的营养元素移向果实,从而使其中元素的浓度下降。这种变化的大小,取决于营养元素的种类、土壤中营养元素的供给和气候的变化。

②吸收 香蕉对营养元素的吸收,与品种、生长期、季节(气候)及土壤营养元素浓度等有关。

第一,与品种的关系:主要与植株对元素的需要量及根的生长吸收能力有关。不同的品种对元素的吸收量是不同的。高干品种吸肥量多于矮干品种。印度 Balakrishnan(1980)发现三倍体香蕉中,含 B 基因的品种需钾量多于纯 A 基因的品种。含 B 基因的品种,根系较发达,根的吸收能力较强。

第二,与生育期的关系:香蕉在不同的生长阶段,对元素的吸收量是不同的。多数营养元素的吸收是在抽蕾前进行,尤其是在花芽分化期吸收,抽蕾后的吸收大大减少。果穗生长所需的营养元素,主要来自体内元素的重新分配。如香牙蕉抽蕾前对氮的吸收占总需氮量的 90%,对钾的吸收占 87%,对磷的吸收占 80%。但是,含 B 基因的品种,对钾的吸收在抽蕾后仍是可观的。

第三,与气候的关系:香蕉对营养元素的吸收,也受气候因素如温度、水分的影响,一般低温和干旱等条件不利于元素的吸收。

第四,与土壤营养元素浓度的关系:一般根际周围养分浓度高,有利于根对养分的吸收。故对土壤施肥,提高土壤养分的浓度,有利于根的吸收。

以上前三个因素,主要是影响根的生长与吸收。一般根系发达,植株生长旺盛,吸收根多,对养分的吸收也多。土壤中养分多,有利于根的吸收;反过来,吸收养分多,有利于根的生长,对养分的吸收也增多。

(3)香蕉的需肥特性 香蕉的生长量很大,产量又很高,因此,其植株在生长发育过程中,需从土壤中吸收大量的营养元素。一般植株越高,其假茎、叶片的干物质积累越多,有效产量的比例少,在获得同样产量时,相应的需肥量也越多。同理,同一品种,吸收养分多的,植株也较高大,干物质积累也较多,产量也较高。

香蕉需钾较多,氮次之,对磷的需求较少。氮、磷、钾的吸收比例大约为 1:0.2:3.7。干高的品种,钾氮比偏低;干矮的品种,钾氮比偏高。各生育期对氮、磷、钾的吸收量,也基本上为上述比例。前期钾氮比稍低,后期钾氮比稍高。

2.土壤营养元素与肥料利用

(1)土壤中营养元素供给量 我国香蕉主要集中分布在华南地区的广东、广西、福建和海南等地。大多种植于江河冲积土,也有少数种植在山坡地的红壤土。土壤中营养元素的含量变化较大,对香蕉来说,除少数土壤外,磷素多较充足,施磷肥通常肥效不显著,而氮钾素多数不足,故施氮钾肥均能获得良好的效益。

在珠江三角洲,香蕉多用水稻土种植。据广东省土壤研究所对珠江三角洲水稻土调查结果,占总面积 89% 的潴育性水稻土,其有机质含量为 2.5% 左右,全氮为 0.15% 左右,全磷为 0.05%,全钾为 1.5% ~ 2%,速效磷为 10 ~ 30 毫克/千克,速效钾为 30 ~ 50 毫克/千克,盐基代换量为每 100 克 ± 10 ~ 20 毫克当量。一些肥沃的菜园土,有机质含量高达 3%~4%,新围垦的围田土壤,含速效钾也高达 100~200 毫克/千克。高产的蕉园,养分含量丰富,而且盐基代换量高(保肥性好)。

(2)土壤中养分的淋溶和冲蚀损失 营养元素在土壤中有固定态、吸附态和游离态三种。后两者较易被香蕉吸收,但易被淋溶和冲蚀而流失。一般雨量大,施肥量大,土壤的保肥性差,则养分的流失量也大。据报道,在土壤瘠薄,阳离子代换量低(5~10 毫克当量/100 克土),降水量大(1 400~2 000 毫米)的某个蕉园,对营养元素的淋溶损失做了 8 年的记载,得出下列元素的损失量(千克/公顷·年):氮 165,磷 2.2,钾 376,镁 89,钙 360。除磷外,这些元素的损失量,相当于该元素施肥量的 60%~85%。相比之下,冲蚀(径流)显得不重要,为淋溶的 10% 左右,但磷的冲蚀损失达 30%~50%。我国蕉区的雨量较大,而且雨季较集中,故养分的损失是十分严重的。这在给香蕉施肥时一定要加以考虑。

(3)肥料利用率 肥料施到土壤中,一部分被香蕉吸收利用;一部分被土壤固定,成为土壤复合物的一部分(主要是磷);一部分被灌溉水或雨水淋溶冲蚀而损失;另一部分变成气体(主要是氮)挥发掉。

肥料利用率是上述因素综合影响的结果,与肥料性质、气候、土壤状况、施肥方法及香蕉的生长状况等有关。

第一,品种及生育期:不同品种的需肥特性及根的生长状况不同,对肥料的吸收也不同。不同生长阶段,根的生长和吸收能力,以及植株对肥料的需要,也不同。苗期、挂果期对养分的吸收较少,营养生长旺盛期对肥料的需求和吸收均较多。

第二,土壤状况:土壤的质地,有机质等的含量不同,其保肥性也不同。一般阳离子代换量低(如沙质土),其保肥性就差,施速效肥就容易造成肥害和流失。

第三,气候:气温和雨水适中,有利于肥料的分解、移动和根的生长与吸收。如 3 ~ 5 月份是吸收的最好时期。雨水太多,就会使养分流失严重;干旱也不利于肥料的溶解、扩散及根的吸收,甚至会造成肥害。

第四,肥料的性质:不同种类的肥料,施于土壤中反应不同。氮肥易流失挥发,应作追肥分多次施用;磷肥易被固定,可作基肥或叶面喷施;钾肥介于二者之间,可作基肥和追肥。另外,碱性肥料适于酸性土壤,有利于提高肥效。

第五,施肥方法:包括施肥的时期、比例、方式和位置等。施肥应与香蕉的需要、吸收能力相配合,才能提高肥料利用率。如苗期植株小,施肥量太多,就易造成浪费及肥害;后期吸收能力差,过多施肥,对产量也无助。施肥应施于吸收根最多的地方。

第六,田间栽培管理:肥料供根吸收,根系生长不良,施过多的肥料也徒劳。故影响根系生长的栽培措施,如土壤耕作、水分管理、病虫害防治和除草等,也影响肥料的利用率。

氮肥易分解成氨气而挥发掉,或易被反消化作用而成为氮气挥发掉,也易被雨水淋溶流失,故化学氮肥的利用率不高,一般为 25% ~ 50%。磷肥易被土壤的铁、铝离子等固定,一般利用率为 20% ~ 30%;至于钾肥,一般平均利用率为 50% 左右。

3. 蕉园常用肥料种类及施用方法

目前,在香蕉生产上常用的肥料,可分为有机肥料和无机肥料两大类。

(1)有机肥料 在广义上是完全肥料,其中主要的是农家肥。有机肥料含有多种营养元素,施用后能增加土壤有机质,改良土壤的物理性状,常施有机肥,可以生产出优质高产的香蕉。现将各种有机肥料的性质简单介绍如下:

①麸饼肥 这是一种优质迟效性肥料。其施用方法有液施和干施两种。液肥具有肥效快的特点,能及时作为攻肥和追肥用。但液肥需经过沤制,发酵腐熟之后方能使用。这样可以避免肥害。

干施,是将麸饼打碎,采用环状或多穴埋施法。干施的优点是,不易发生肥害,施用简便。但肥效较慢,故施用时间宜提前。

②**粪肥** 是用人、畜粪尿经过沤制腐熟的农家肥。在广东香蕉产区,为常用的肥料。粪肥含有多种营养元素和丰富的有机质。粪肥一般进行穴施和沟施。施肥位置,可根据植株生长情况灵活掌握。如为加快吸芽的生长,施肥应靠近吸芽的位置。

③**草木灰及火烧土** 是含钾量较高的肥料。火烧土是迟效性肥料,一般在冬季施用。施用草木灰及火烧土,能中和土壤酸碱度,促进有机质分解,提高果实品质及耐贮性。

④**绿肥** 各种豆科类茎叶、良性杂草、香蕉茎叶以及植物枝叶等,均可作为绿肥使用。绿肥施用方法,有堆制成堆肥或直接作绿肥埋施。在每次土壤改良时,可结合深翻压绿进行,即一层泥土一层绿肥,并施适量的石灰,以加快绿肥腐烂。

⑤**河泥和塘泥** 是一种很好的肥料,除提供香蕉养分之外,还兼有培土和湿润土壤的作用。广东珠江三角洲、福建闽南地区的蕉农,每年都在蕉园畦面上灌施河泥浆,一般每年上河泥1～2次。上河泥的原则是:旱季多施,雨季薄施,雨天不施。

(2)无机肥料 多数属速效性肥料,可及时满足香蕉生长发育的需要,其中主要的是化肥。香蕉所用无机肥料如下:

①**氮肥** 香蕉并不特别嗜好某一种氮源肥料。硝态氮、铵态氮和尿素同样有效。但长期施用以中性肥料尿素、碳铵和硝酸铵等为好。酸性土壤施碱性氮肥效果也很好。据印度报道,化学氮肥中以磷酸二铵的肥效为最好。有的蕉园有时也用碳铵,但它在高温期施用时容易挥发,并使植株生长过猛,尤其是抽蕾期,常使花穗轴在抽生过程中折断,故通常宜于早春使用。目前生产上用的氮肥,主要是尿素,原因是其属中性肥料,适应于各种土壤,加上其含氮量高,价格又较低,肥效也快。尿素施入土壤后,在微生物的作用下转化为碳酸氢铵,再被土壤吸附和香蕉根系吸收。所以

尿素施后暴晒时,会变成氨态氮而挥发。据报道,其损失可高达50%以上。在低温时,尿素分解过程较慢,肥效不快。高产香蕉园的氮素,有40%~50%来源于有机氮肥,如人、畜粪尿、花生饼等,其氮素肥效相当于化学氮肥的两倍以上。尿素可采取土施和叶面喷施两种方法。国产尿素缩二脲含量较高,不宜用根外追肥,以避免蕉叶肥害。可选用缩二脲含量低的进口尿素作根外追肥,一般使用浓度为0.3%~0.5%。氮肥可干施和液施。干施,宜在雨后作畦面撒施或开浅沟施。液施可与粪水或腐熟麸水混合施用。

②磷肥 有过磷酸钙、磷矿粉和钙镁磷肥等。目前,在生产上使用最多的是过磷酸钙,它可以用作基肥和追肥。其它磷肥,如磷矿粉、钙镁磷肥和脱氟磷肥等,对于酸性土壤效果也很好。尤其是内陆、坡地缺镁土壤,钙镁磷肥是较好的。磷肥不仅为土壤提供磷素,还含有丰富的钙、硫、镁等元素。如过磷酸钙中含有硫和钙,钙镁磷肥中含有钙和镁。磷肥施用后,很容易被土壤固定,也不易流失。要提高其有效性,需与农家肥混施或集中施用为好。香蕉对磷素需求较少,每年施2~4次即够。国外是每两年施一次。磷在土壤中不大移动,故应施于根群最多的地方,以提高肥效。磷肥与禽畜粪肥、绿肥、农家肥混合施用,效果更好。

③钾肥 有硫酸钾和氯化钾等。这两种肥料可与堆肥、禽畜粪肥混施,也可以单独施用。硫酸钾除根际施肥之外,还可以作根外追肥。有报道,硫酸钾对提高香蕉果实品质,效果比氯化钾好,尤其是沿海含氯较多的蕉园,但其价格较高。另外,农家肥中的厩肥、堆肥和草木灰等,也是很好的钾源。

④钙肥 常用的钙肥为石灰,一般撒施于蕉园畦面。改良土壤施用有机质肥料时,也可适量施石灰,能中和土壤的酸性。

⑤复合肥与香蕉专用复合肥 香蕉施肥时,要混合氮、磷、钾等肥料,较为麻烦,故施肥时也常用复合肥。近年来复合肥供应量增多。复合肥含有氮、磷、钾等营养元素。如台湾省研究人员,根

据香蕉叶片和土壤分析结果,配制出高钾,中氮、钙,低磷、镁的香蕉专用复合肥,其比例是氮:磷:钾:钙:镁 = 11:3:22:11:3。复合肥比一般单质肥料使用方便,是香蕉常用肥料。含有有机质、镁及其它微量元素的复合肥,效果更好;含有磷酸二铵和硫酸钾的,以作追肥较好。

⑥微量元素肥料 一般在植株出现缺素症状时才施用。目前在生产上多用作根外追肥,常用微肥有 0.3% ~ 0.5%硫酸镁,0.1%硼酸或 0.2%硼砂,0.1%硫酸锌,0.1%硫酸锰,0.1%硫酸亚铁和0.01% ~ 0.03%的钼酸铵等。

4.香蕉的营养诊断

香蕉的营养不良,通常有一定的缺素症在叶片上表现出来,但到叶片出现缺素症时才施肥,多数已为时较迟了。故及早了解植株的营养状况,及时施肥,对促进香蕉优质高产很重要。目前营养诊断主要有以下两种方法:

(1)叶片分析法 该法在国外现代化蕉园中常采用,取得了较好的效果。但目前各国的采样方法及诊断标准,还不统一。

①采样方法 由于各国早期的采样方法较多,现在国际上香蕉叶片分析采样方法统一为三种:即顶部第三片叶、第三叶中肋和第七叶的叶柄,以第一种方法较普遍。采叶时,取叶片中部靠近中肋部分 10 ~ 20 厘米宽的叶片。每个蕉园采样 25 ~ 30 株。

②叶片营养诊断标准 香蕉叶片分析结果,受植株本身和外界因素影响较大。各国的标准不一致。澳大利亚推荐的适宜标准为:氮 2.8% ~ 4%,磷 0.2% ~ 0.25%,钾 3.1% ~ 4%。我国台湾省北蕉的叶片适宜标准为:氮 3.3%,磷 0.21%,钾 3.6%。广东省农业科学院土肥研究所对香蕉钾肥进行研究分析后认为,钾的适宜值为5% ~ 5.8%,钾、氮比为 1.4 ~ 1.7;钾的缺乏值为 4%以下,钾、氮比在 1.1 以下。各地应根据当地的土壤、气候、品种及生长期,通过试验定出标准来指导香蕉施肥。

(2)土壤分析法 这是叶片营养分析的补充。分析土壤中养分的含量,是了解土壤供肥力的有效方法。一般土壤分析项目,包括有机质、全氮含量、速效磷和交换性钾等项目。一般认为,土壤中有机质含量3%以上,全氮0.3%以上,速效磷15~20毫克/升以上,交换性钾300~350毫克/升以上的,养分含量属丰富,可以不施肥或于花芽分化期施肥。有时土壤中钙、镁离子的大量存在,也会影响钾的有效性。有人认为,土壤中氧化钙:氧化镁:氧化钾为10:5:0.5,是良好的比例。另外,土层的深度也是决定土壤营养总供给量的重要因素。

5.香蕉施肥量

确定香蕉施肥量是较复杂的问题。具体的施肥量,因品种、种植密度、生育期、结果量、肥料种类、土壤肥力、栽培习惯以及气候特点等不同,而有很大的差异。一般来说,土壤自然肥力高,有机质含量丰富,高秆品种,种植较疏的蕉园,施肥量相对少些;相反,土壤瘠薄,种植密度大,有机质含量低的蕉园,施肥量应相对多些。以广东珠江三角洲为例,按株产25千克计,每年每株施尿素500克,复合肥500~700克,过磷酸钙500克,硫酸钾或氯化钾1000~1500克。定植时每株另加有机质肥15~20千克。这样的施肥量,基本上能满足香蕉生产发育的需求。肥料施用量过多或不足,均对香蕉生长、开花、结果极为不利。我国台湾省和国外大多数蕉园,都是根据叶片和土壤分析结果,来确定施肥量。中国大陆各香蕉产区,由于土壤结构、土壤养分的含量相差较大,目前的施肥仍带有一定的盲目性,肥料的利用率不高。如果能坚持以土壤分析和叶片分析的结果来指导施肥,将大大地提高肥料的利用率,有效地提高香蕉的产量和品质。

施肥量与结果迟早、产量的高低,有很大的关系。在香蕉营养生长旺盛期,及时适量施肥,可加快香蕉植株的生长,抽蕾早,产量高。广州市河南园艺场进行香蕉三种不同施肥量的试验,结果表明:香蕉种后 10 个月,重肥组有 85% 的植株开花结果;中肥组有 77.6% 抽蕾;轻肥组只有 21.5% 抽蕾,仅为重肥组的 1/4。不同氮磷钾肥料的施用量,对开花也有影响。台湾省朱国庆先生在南部旗山试验,得出的结论是,施用氮肥比不施氮肥的,第一年可提早 56.02 天开花,第二年提早 85.1 天。施用适量钾肥比不施钾肥或施用多量钾肥,可提早 10～20 天开花(表 4-13)。

表 4-13　香蕉不同肥料处理对于种植或留萌至开花日数之影响

(朱庆国,1985)

处　理	种植至开花日数	差　异	留萌至开花日数	差　异
K0(无钾)	301.95	17.21	364.28	23.29
K1(钾少)	291.25	6.51	359.69	18.70
K2(钾多)	309.16	24.42	401.33	60.34
N0(无氮)	340.76	56.02	444.31	103.32
N1(氮少)	284.74	01.28	369.57	28.58
N2(氮中)	286.12	6.79	345.87	4.88
N3(氮多)	291.53	—	340.99	0

由于各地香蕉产区种植密度和土壤肥力不同,其肥料的施用量也有较大的差异(表 4-14)。

表 4-14　香蕉氮磷钾比例及施用情况

产　地	氮磷钾比例	施 用 量		
		氮(N)	磷(P_2O_5)	钾(K_2O)
中南美洲①	1:0.2:2.2	283.5 千克/公顷	63 千克/公顷	636 千克/公顷
广东省②	1:0.62:2.45	0.67 千克/株	0.42 千克/株	1.16 千克/株

续表 4-14

产　地	氮磷钾比例	施用量		
		氮(N)	磷(P_2O_5)	钾(K_2O)
广西壮族自治区②	1:0.39:1.13	1000.5~1081.5 千克/公顷	394.5~549 千克/公顷	1129.5~1404 千克/公顷
福建省②	1:0.56:3.15	0.87 千克/株	0.49 千克/株	2.74 千克/株
台湾省单质肥料	2:1:6	尿　素 290~400 克/株	过磷酸钙 660~800 克/株	氯化钾 660~750 克/株
复合肥 4 号	11:5.5:22	—	1.5~2 千克/株	—

注：①以公顷产 30 吨计，每年需从土壤吸收的肥料量

②资料来自：刘荣光(1998)《香蕉高产栽培技术》一书

国外多数国家香蕉园的施肥量普遍较低(表 4-15)。同一国家的不同地区、不同品种的施肥量也不同。印度卡那尔州种植密度为 1.8 米×1.8 米，产量 40 吨/公顷的矮干香蕉每株施用的氮、磷、钾肥量分别为 540 克，325 克，675 克；以 2.2 米×2.2 米种植的茹巴斯打香蕉的氮、磷、钾肥施用量，分别为 405 克，245 克，507 克。

表 4-15　不同国家或地区蕉园施用氮磷钾肥的比例　(千克/公顷·年)

国家或地区	品　种	氮	磷	钾
澳大利亚(新南威尔士)	威廉斯	180	40~100	300~600
澳大利亚(北部地区)	威廉斯	110	100	630
澳大利亚(昆士兰)	门斯马利	280~370	70~200	400~1300
加那利群岛	矮干香牙蕉	400~560	100~300	400~700 *
加勒比海岛	罗巴斯塔、波约	160~300	35~50	500
哥斯达黎加	划来利	300		550
洪都拉斯	划来利	290		

续表 4-15

国家或地区	品　种	氮	磷	钾
印　度	罗巴斯塔	300	150	600 *
印度(阿萨姆)	矮干香牙蕉	600	140	280 *
以色列(海岸平原)	威廉斯	400	90	1200 *
以色列(约旦河谷)	威廉斯	400	40	—
象牙海岸(阿扎吉埃)	大矮蕉	110	—	190
象牙海岸(尼凯)	大矮蕉	180	—	310
牙买加	划来利	225	65	470
中国台湾省	仙人蕉	400	50	750

注：＊每年还要施相当数量的农家肥　(唐开学、张显努合译《香蕉高产施肥》)

由于氮肥对促进香蕉生长有极显著作用,故我国蕉区普遍偏施氮肥。周修冲等(1993)在惠阳用矮干香蕉做施氮试验,每公顷施氮600千克和施900千克的产量一样,其株施肥量分别为286克和444克。在四会县试验点,对每公顷1 500株的仙人蕉采用上述施用量,结果无差异,但在中山市试验点时,东莞中把蕉每株施氮500克比每株施333克的获得显著的增产(14.7%),详见表4-16。

表 4-16　不同品种氮肥的效应

(广东省农业科学院土肥研究所,1993)

地　点	品　种	密　度 (株/公顷)	产量(千克/公顷)		增产率(%)
			施氮600千克	施氮900千克	
中　山	东莞中把蕉	1800	31695	36360	14.7
惠　阳	矮干蕉	2100	38565	38745	0.5
四　会	仙人蕉	1500	27345	27900	2

香蕉对钾素的需要量较多,产量55吨/公顷的香蕉园,需吸收

钾约 1 000 千克。如果按钾肥 50% 的利用率计,就需施 2 000 千克/公顷的钾肥。但土壤是可以提供部分钾的,尤其是含钾量高的土壤,故钾的施用量通常少于上述理论数。据广东省农业科学院土肥研究所试验,每公顷产量 30 吨香蕉园的施钾量一般 900 千克/公顷已足够。但在施氮充足的情况下,适当增施钾肥可增加产量(表 4-17),最高施钾量可达 1 200 千克/公顷。

表 4-17 四会试验点不同施钾量对香蕉产量的效应

(广东省农业科学院土肥研究所,1987)

施氧化钾	施氮 900 千克/公顷		施氮 1200 千克/公顷	
(千克/公顷)	产量(吨/公顷)	增产(吨/公顷)	产量(吨/公顷)	增产(吨/公顷)
0	15.15	0	15.75	0
600	26.1	10.95 *	24.45	8.7
900	27.3	12.15 *	28.95	13.24 *
1200	30.15	15.0 * *	32.85	17.1 * *

注: * 表示 LSR 法测定差异显著, * * 表示 LSR 法测定差异极显著

李如平等(1991)于广西浦北,在含有机质 2.188%,全氮 0.125%,速效磷 91 毫克/千克,速效钾 24 毫克/千克的杂沙泥田,用浦北矮香蕉进行施肥试验,每株施农家肥 50 千克,纯氮 690 克,纯磷 35 克,纯钾 1 200 克,为最优施肥方案。

虽然磷肥对香蕉产量影响似乎不大,田间也极少出现缺磷的情况,但国内外多数蕉园还是施磷肥较多,这主要是为了维持地力及提高抗性等方面的需要。

在我国,香蕉的生长旺季,是需要施肥的时期,又恰好是雨季。在雨季大量施肥,淋溶和冲蚀就十分严重,肥料利用率低。另外,由于季节对香蕉质量和产量的影响很大,增施肥料尤其是氮钾肥,可促进香蕉生长,提早抽蕾,故对提高香蕉的质量和产量,有十分明显的作用。比如春植蕉,如果增施肥料,则可使其在 11 月份前

抽蕾;而一般施肥,则所植香蕉在 11 月份至翌年 2 月份抽蕾。后者在低温期抽蕾,产量很低,甚至失收。同时,香蕉施肥量,不仅与产量有关,与果实质量也有关。一般肥料充足、产量高的果穗,其果指既长又大,外观也较好,商品质量高,果实的卖价也较高。

我国高产蕉园,新植蕉的化肥施用量(千克/公顷·造)为:氮肥900～1 200,磷肥 270～360,钾肥 1 200～1 500,氮磷钾的比例大约为 1:0.3:1.5。宿根蕉的施肥量为新植蕉的 80%～85%。农家肥中的氮可按双倍计算。土壤偏酸的旱地,每年可施熟石灰 2 000 千克/公顷,内陆性坡地蕉园,每年可施镁肥 100～150 千克/公顷。

由于各地香蕉的种植密度不同,生育期不同,株施肥量也有较大的差异。珠江三角洲种植密度较低,但复种指数稍高。每造每株的施肥量,中把品种为氮 450～600 克,磷 150～200 克,钾 600～800 克;粤西地区,种植密度较大,但通常一年一造,苗期控肥,每造每株施用量为氮 400～500 克,磷 100～150 克,钾 600～700 克。高把品种比上述株施肥量,约高 10%,中矮把品种比上述株施肥量约低 10%。

6.香蕉施肥方法及次数

(1)常用的施肥方法

①土壤施肥 这是将肥料施在根系分布的土壤层内,让根群能及时吸收到肥料的一种方法。土壤施肥的方法,因土壤结构、肥料种类、生育期和气候条件等不同,而采用穴施和撒施的不同施肥方法。穴施多用于有机质肥料的施用,一般在冬春季根系生长缓慢时进行。其方法是:在离植株基部(蕉头)30 厘米处,挖 2～4 个穴位,穴深 15 厘米左右,将肥料施入,然后覆土。广东珠江三角洲一些蕉园,为引发抽生吸芽,在结果的植株旁边于诱发吸芽抽生的地方,挖穴施灰粪,既能诱发吸芽,又能为吸芽生长提供养分。福建省漳州市的蕉农则用草木灰诱发吸芽的抽生,效果较好。撒施多在根系活动较强、雨水较多的季节进行,多用于施化学肥料及粪

水。在土壤较干旱时，为使肥料能迅速分解，可先浅松土，把肥料均匀撒施于根区内，然后覆土淋水，让肥料下渗。香蕉抽花蕾后，根系较多，分布较广，以采用先淋水后撒施肥料的方法为好。

②**根外追肥** 根外追肥，是将肥料溶液喷在蕉叶和果穗上，让植株地上部分能直接吸收肥料的一种方法。施用的肥料多为速效肥。如进口尿素、磷酸二氢钾、硫酸镁、生多素、绿旺－Super K 和绿旺－Super N 等叶面肥系列。为提高肥料利用率，可选择在阴天或下午喷施。喷施时应注意各种肥料的使用浓度要适当，以免产生肥害。喷施时，若加入少量展着剂，如洗衣粉，则效果更好。据印度报道，断蕾后向植株(100 毫升/株)和果穗(50 毫升/穗)喷施磷酸二氢钾两次，对增加果实产量，有极显著的作用(表 4-18)。

表 4-18　磷酸二氢钾处理对果实各性状的效应

(Venkatarayappa 等，1979)

处　理		长/周粗	体　积 (毫升)	体积增加 (%)	单果重 (克)	单果重增加 (%)
中把蕉	果　穗	1.71	191	17.0	150	54.1
	整　株	1.71	208	26.9	159	62.1
	土　淋	1.69	181	10.5	142	45.7
	对　照	1.62	164	—	98	—
矮干蕉	果　穗	1.51	133	20.9	90	23.3
	整　株	1.53	139	24.4	97	32.6
	土　淋	1.50	122	11.7	91	24.6
	对　照	1.51	109	—	73	—

(2)施肥的次数 香蕉施肥次数，主要是根据肥料来源、气候条件以及香蕉生长发育的需要来决定。国内外生产实践证明，香蕉在整个生长发育过程中，中期(即花芽分化前)需肥量最多，其次是营养生长前期，后期香蕉进入开花结果后需肥量较少。台湾省

的经验是,南部平地蕉园,全年分五次施肥。第一次在种植后 1 个月,占全年施肥量的 10%;第二次在种植后 2 个月,占全年施肥量的 15%;第三次在种植后 3～3.5 个月,占全年施肥量的 30%;第四次在种植后 4.5～5 个月,占全年施肥量的 30%;第五次在种植后 6.5～7 个月,占全年施肥量的 15%。大部分肥料应在种植成活后至花芽分化前施用。具体施肥次数,可据情灵活掌握。

7. 新植蕉与宿根多造蕉的施肥

新植蕉在正常的情况下,当年只收一造香蕉,在施肥上不太复杂。而宿根多造蕉,由于蕉园内同一时期存在着不同生育阶段的植株,因此,在施肥上是比较复杂的。由于新植蕉与宿根多造蕉栽培制度不同,其施肥时期有较大的差异。

(1)春植蕉(新植)的施肥 春植蕉一般在 3～4 月份定植,次年 3～5 月份收获。新植蕉除定植前重视施足基肥之外,当蕉苗开始长出新叶时即可追肥,以勤施薄施为原则,促使蕉苗速生快长。当植株进入旺盛生长期,应及时施重肥,争取在 10 月份前抽出花蕾。如果赶不上 10 月份前抽蕾,则要在 7～9 月份控制肥水的供应,防止植株在冬春低温干旱季节抽蕾,以免受寒害而造成损失。现将福建、广西、广东三省(自治区)春植蕉的施肥情况介绍如下:

广东春植蕉施肥:以组培苗施肥为例,其春植蕉的施肥操作方法是:①种植前每株施腐熟禽畜粪肥 10 千克。②种植后 10～15 天进行一次根外追肥,用 0.1%绿旺－Super K 或绿旺－Super N 肥液喷布叶面。③种植后两个月,应施用全年肥料的 20%,即每株应施入尿素 100 克,复合肥 100 克,硫酸钾或氯化钾 200 克,花生饼 200 克。肥料分三次施入,每 15 天施一次。④种植后第三至第四个月,应施用全年肥料的 25%,即每株施入尿素 125 克,复合肥 125 克,硫酸钾或氯化钾 250 克,花生饼 250 克,这些肥料分两次施用。⑤种植后第五至第六个月,应施用全年肥料的 30%,即每株施尿素 150 克,复合肥 150 克,硫酸钾或氯化钾 300 克,花生饼 300

克,肥料分两次施用。要求从香蕉种植后到花芽分化之前,应施完全年肥料的75%。余下的25%肥料,在花期和果实发育期施用。有条件的蕉园,每年可上河泥或塘泥1~2次。

福建春植蕉施肥:①种植前重施有机质基肥,每株施腐熟猪牛粪5千克,腐熟土杂肥20千克,石灰0.3千克,过磷酸钙0.3千克。②种植后20天施水肥,每株施30克尿素或复合肥,配合稀释4倍粪水,以后逐步加大施肥量,每隔20天施一次薄肥。③植株进入旺盛生长期(6~7月份)施一次重肥,每株施腐熟土杂肥10千克或腐熟猪牛粪5千克,花生饼0.2千克,尿素、钾肥各0.1千克,上一次塘泥。以后每周施0.1千克氮肥,0.2千克复合肥,0.1千克钾肥。④植株形成把头后,施花芽分化肥,每株施钾肥0.2千克,复合肥0.4千克,花生饼0.8千克。此时的肥料分作两次,抽蕾前50天和70天各施一次。⑤10月份后施一次过冬肥。这次肥料在降温前的10月份施入,以增强植株抗寒能力。

广西春植蕉施肥:①种植前施足有机质基肥,每株施腐熟有机质肥10~20千克,腐熟麸肥0.5千克,复合肥0.1~0.2千克。②种植后3~4月份,植株抽出两片新叶时,每公顷施稀薄腐熟人、畜粪肥3 000千克,对水12 000升。若土壤湿度大,可用尿素30千克,氯化钾60千克,对水4 500升后淋施。以后每15天施一次。③种植后两个月(5~6月份),根系和叶片迅速生长,施肥量增加,每株施腐熟人、畜粪肥10千克,对水1~2份;或用尿素100克,氯化钾150克,或者用复合肥100克加氯化钾100克干施。④7~8月份施一次重肥,每株施复合肥100克,氯化钾100克,堆肥20千克,采取畦面撒施,然后将畦沟或排水沟的淤泥挖出来铺在畦面上。⑤抽蕾后至采收前,增施1~2次粪水,并用0.3%磷酸二氢钾根外追肥2~3次。

(2)宿根多造蕉的施肥 宿根多造蕉的施肥,应掌握下列几个时期:①掌握新根大量发生之前及时施肥。其目的是使新根发生后能及时吸收土壤中的养分,促进新根新叶的生长和吸芽的发生。②掌握植株进入旺盛生长期施重肥。在广东蕉区大约是谷雨前后。这个时期植株生长加快,生长量大,对肥料最敏感,需肥量也是最多的时期。施肥的目的在于促进植株生长良好,积累大量营养物质,为花芽分化和开花结果打下良好物质基础。③掌握植株形成"把头"时及时施速效肥,促进花芽分化及提早抽蕾。这对增加果穗的梳(段)数和果指数,有明显的效果。④掌握母株及吸芽生长时足量施肥。一般在母株果穗采收之前及时追肥,因为这个时期母株和吸芽同时存在,如果肥料供给不足或不及时,吸芽的生长会受到抑制。因此,这次肥料能及时足量供给,可促使所选留的吸芽迅速生长成为新的母株,并促进植株提早抽蕾。⑤掌握在冬季施"越冬肥",肥料以有机质肥为主。其目的是提高土壤温度,延长根系活动时间,增强吸芽的抗寒能力。

不同地方宿根多造蕉的施肥有所差别,下面择要加以介绍:

广东宿根多造蕉的施肥:广东省农业科学院果树研究所的试验点,其香蕉于 1984 年 7 月定植,品种为广东香蕉 1 号。以定植后第三造蕉(1986)为例,第三造蕉的生长特点是,夏秋季为营养生长,冬季花芽分化,春季抽花蕾结果。在年施肥量上,应掌握前期少量多次、中期重施的原则,共分 10 次施肥。每公顷(1485 株/公顷)一年的施肥量为:①1986 年 4 月中旬,施尿素 148.5 千克,氯化钾 149.25 千克。②5 月上旬,施菜籽饼 74.25 千克,氯化钾 74.25 千克,尿素 74.25 千克。③6 月中旬施尿素 148.5 千克,氯化钾 148.5 千克。④7 月上旬施腐熟猪粪 8 700 千克,花生粕 742.5 千克,尿素 148.5 千克,氯化钾 219 千克。⑤9 月中旬,施尿素 148.5 千克,氯化钾 148.5 千克。⑥10 月中旬施复合肥 364.5 千克,尿素 148.5 千克。⑦11 月下旬施尿素和氯化钾各 148.5 千克,磷粉 660 千克,菜籽饼 148.5 千克,堆沤 20 天后,穴施覆土。⑧12 月上旬施尿素 148.5 千克,氯化钾 148.5 千克,先灌水后撒施。⑨1987 年 3

月中旬施花生粕 742.5 千克,磷粉 372 千克,尿素 148.5 千克,氯化钾 148.5 千克。⑩4 月 7 日施尿素和氯化钾各 148.5 千克。

福建宿根多造蕉的施肥:按株产 20 千克,每年每株应施塘泥 25 千克,腐熟人、畜粪尿 30 千克,草木灰 2.5 千克,花生饼 0.5 千克,硫酸铵 0.5 千克。肥料以有机质肥为主,化学肥料配合。其施肥方法是,上年 9～10 月份选留的吸芽苗,应在次年 2～3 月份施完全年有机肥用量和 60% 的速效性肥料,余下 40% 的速效肥在 5～8 月份施用。要求株龄在 6 个月以前,施重肥,株龄在 6 个月以后,要适当补肥。

广西宿根多造蕉的施肥:宿根蕉在越冬期间均受到不同程度的低温危害,叶片和根系生长缓慢,故在春季气温回暖后要及时追肥,以促其生长。具体施肥时期如下:①在春季发根前(2 月下旬)结合松土、挖旧蕉头施肥,每株施灰粪 2.5～5 千克,磷肥 0.25 千克,花生饼或菜籽饼 0.25 千克,腐熟土杂肥 25 千克。②3～4 月份,每月施腐熟粪水或粪水加适量氯化钾 2～3 次,以促其生长。③4 月下旬至 5 月上旬,植株有 18 片大叶时施重肥,每株施腐熟土杂肥 25 千克,复合肥 1.5～2 千克,花生饼或菜籽饼 0.25 千克,施后浅培土。④5～6 月份,每月施腐熟粪水或粪水加适量氯化钾 2～3 次,以促其生长和提早抽蕾,以增加果梳数和果指数。⑤现蕾至采收前,根据植株果实发育及吸芽生长情况,补施 1～2 次粪水,并用 0.3% 磷酸二氢钾作根外追肥,每隔 7～10 天喷一次,连喷 2～3 次,以促进果实发育及吸芽的生长。⑥9～10 月份采收后控制水肥,使吸芽苗在冬季缓慢生长,保持有 8～12 片大叶,以提高植株的抗寒能力。⑦11 月下旬,在蕉头附近施腐熟土杂肥,以利于蕉苗安全越冬。

8.蕉园施肥应注意的事项

为了发挥肥料的效能,在给香蕉施肥时应注意下列几点:

(1)香蕉营养生长旺盛期施重肥 从定植后到花芽分化前(粗

壮吸芽苗从定植后抽出 20～24 片叶,组培苗从定植后抽出 30～34 片叶),要施完全年肥料的 70%,留下 30% 到开花结果期施用。

(2)定植初期要少量多次施肥 蕉苗定植初期,种苗幼小(尤其是组培苗),根系不发达,施肥量不宜多,宜采用少量多次、逐次增加的原则,每 15 天追施一次水肥,以促进香蕉植株的生长。

(3)注意配合施肥 在施用氮、磷、钾肥料的同时,应注意其它肥料的配合,以防止出现缺素症。要特别重视钾肥的施用量和施肥期,在正常的情况下,钾肥早施、多施,有利于植株的生长发育,提高抗寒能力。

(4)注意速效肥和迟效肥相结合 速效肥分解快,能促进植株速生快长,宜早施,适时施;迟效肥一般作基肥和越冬肥施用。

(5)注意增施有机质肥 蕉园常施有机质肥能改善土壤的结构,使土壤疏松透气,增强香蕉植株抗风、抗寒和抗病虫害的能力,提高产量和品质。

9. 香蕉施肥的基本原则

(1)要合理施肥 要以有机肥为主,化肥为辅,积极保持和增加土壤肥力及土壤微生物活性。提倡根据土壤分析和叶片分析的情况,进行配方施肥和平衡施肥。所施肥料不应对果园环境和果实品质,产生不良影响。

(2)要施用允许使用的肥料 在无公害香蕉生产过程中,允许使用的肥料,包括农家肥料、商品肥料和其它允许使用的肥料。农家肥料按农业行业标准《绿色食品肥料使用准则》(NY/T 394－2000)中有关规定执行,包括堆肥、沤肥、厩肥、沼气肥、绿肥、作物秸秆肥、泥肥和饼肥等。商品肥料,也按农业行业标准《绿色食品肥料使用准则》(NY/T394－2000)中有关规定执行,包括商品有机肥、腐殖酸类肥、微生物肥、有机复合肥、无机(矿质)肥、叶面肥和有机—无机复合肥等。其它允许使用的肥料,系指由不含有毒物质的食品、鱼渣、牛羊毛废料、骨粉、氨基酸残渣、骨胶废渣、家禽家畜加工废料和糖厂废料等有机物料制成的,经农业部登记或备案允许使用的肥料。无公害香蕉生产允许使用肥料的情况,详见附录二中的表1。

(3)要按照标准施肥 按照平衡施肥和根据营养诊断施肥的要求,推荐施肥比例为:氮(N):磷(P_2O_5):钾(K_2O)=1:0.5~0.6:2.0~3.0。施肥量为每年每公顷氮肥(N)1 320千克,磷肥(P_2O_5)396~792千克,钾肥(K_2O)2 640~3 960千克。宜配合施用有机肥、化肥和微生物肥。农家肥应经充分腐熟后才能使用。

(4)不要施用禁用、限用的肥料 在无公害香蕉生产中,禁止使用下列肥料:含重金属和有害物质的城市生活垃圾、污泥,医院的粪便、垃圾和工业垃圾;未经国家有关部门批准登记和生产的肥料(包括叶面肥);硝态氮肥和未腐熟的人粪、尿。另外,应在采果前40天停止土壤追肥,在采果前30天停止喷施叶面肥。

(六)植株管理技术

1. 吸芽的管理

香蕉植株只开花结果一次,繁衍后代是利用地下球茎抽生的吸芽,继续生长并开花结果。在正常的情况下,每株香蕉一年可抽生10个左右的吸芽,吸芽的大量产生及生长,必将影响母株的正常生长发育。此外吸芽生长的好坏,对母株及后代的产量也有很大的影响。所以,在选留吸芽时,应根据母株的生长发育状态、吸芽的抽生规律以及栽培水平等灵活掌握,使被选留的吸芽能茁壮生长发育,成为下一代的结果株。

(1)吸芽的抽生规律 吸芽抽生的数量、质量与母株的生长发育状况、气候及肥水条件等密切相关。一般来说,生长旺盛的植株,抽生的吸芽多而粗壮;相反,生长衰弱的植株,抽出的吸芽少,长势差。吸芽的产生与植株内部激素的水平有关,并受气候和植株生长发育等的影响。通常植株大时才会产生吸芽,但母株顶端优势受到抑制时,吸芽会大量产生和生长。如将植株的生长点去掉,吸芽会很快长出;如将较大的吸芽踩折或压顶,有时会使吸芽长出吸芽。花芽已分化的植株,吸芽的生长也旺盛。试管苗由于在培育时外加外源激素,种植后不久就产生吸芽,且数量较多,但较弱小。母株采收期早,抽出的吸芽早而快,进入开花结果期亦早。母株在营养生长初期发生的吸芽,会不断地消耗母株大量的营养物质,从而影响母株的正常生长发育,致使母株开花结果延迟,影响产量及品质。在母株开花结果阶段,吸芽的生长会受到一定的抑制,生长缓慢。尤其是生长中的母株,第一次抽生的吸芽与母株球茎的着生面较大,从母株中吸收的营养物质比较多,对母株的生长发育产生直接的不利影响,会延长香蕉的收获期。所以,在栽培上应根据母株的生长发育状况及吸芽的着生部位,选留合适的吸芽,而将地下球茎上多余的吸芽及时除去,以确保母株和吸芽的正常生长和优质丰产。另外,提早母株采果和在母株采果后立即施肥,也有利于促进吸芽生长发育,提早结果。

气候条件对吸芽的生长影响较大。影响最大的因素是温度和降水量。每年2月份气温回暖之后,吸芽开始萌发,此时吸芽的生长缓慢。到4~9月份,正逢高温多雨季节,对吸芽的生长十分有利,吸芽生长快而多。这是一年当中抽芽量最多、生长最快的时期。进入10月份以后,由于气温逐渐下降,雨量逐步减少,抽芽日渐减少。到12月份至翌年2月中旬,吸芽基本上很少抽生。从吸芽抽生次序来看,着生部位最深的吸芽先抽。其后逐次向上抽生吸芽,从而致使香蕉出现"露头"。因此,在栽培上应根据这一特点进行培土,防止蕉头裸露。

不同栽培条件的香蕉,其吸芽的生长也有所不同。在良好的栽培条件下,植株抽生的吸芽次数和数量多而快;管理水平差的蕉园,抽生吸芽次数和数量少而慢。特别是地势高或无灌溉条件的蕉园,抽生的吸芽更少,已抽生的吸芽,生长也比较缓慢。

(2)吸芽的种类及特点 同一母株上抽生的吸芽,按其性状和来源的不同,分为剑叶芽和大叶芽;按其着生的部位和抽生次序的不同,可分为头路芽、二路芽和三路芽等类型。

①**头路芽** 所谓头路芽,是指成长中的母株第一次抽生的吸芽。这种类型的芽多数着生于母株前端,故也称之为母前芽或子午芽。其发生位置多与花序抽生在同一方向。

头路芽是从母株球茎最深处抽出,紧靠母株生长,与母株球茎着生面大,在吸芽发根之前,主要从母株上吸收营养物质,对母株的生育影响较大,通常会使母株延迟收获 20～30 天,产量有所下降。因此,在栽培上一般不在春夏季留头路芽接替母株,而以留二路芽为好。俗话说"头芽长瘦蕉,二芽长肥蕉",就是这个原因。但在旱地蕉园以及地下球茎已浅生露头的情况下,又须选留头路芽,以降低地下球茎的位置。

②**二路芽** 是指成长中的母株第二次抽生的吸芽。由于这种类型的芽多数着生于母株球茎两侧,故又称为"八字芽"或"侧芽"。二路芽离地面较头路芽浅,对母株牵制小,生长较快。所以,在生产上多选留二路芽接替母株。除去头路芽后,能较快抽生二路芽。生产上,一般选留光照位置较好的二路芽。

③**三路芽** 是指从母株中第三次抽生的吸芽。从第三次以后抽生的第四、第五个芽,依次分别叫做四路芽、五路芽。依此类推。越迟抽生的吸芽,离地面越浅,容易出现"露头"。这类芽,组织不坚实,初期生长迅速,但到后期生长缓慢,根系较少,易遭受风害。在生产上一般不选留其接替母株,但可以作为繁殖材料使用。

④**"隔山飞"** 又称母后芽,是从残桩旧头上抽生的吸芽,由于位于残桩及新母株之间,故称之。此芽一般不用来接替母株。但生长较壮的"隔山飞",是秋植的很好种苗,植后成活率高。在必要时,也可留作母株。

(3)吸芽的选留 香蕉为无性繁殖,吸芽长成挂果母株,继续另一个世代,宿根栽培就需留芽。留芽的好坏,关系到下一代生长发育的好坏,也影响当代母株的生长发育,故留芽技术是宿根栽培的关键技术。同一母株上抽生的吸芽,有先有后,加上栽培方式不同,其留芽期、留芽的种类及方法,有很大的差异。因此,在选留吸芽时应掌握留芽的原则,根据吸芽生长规律、气候特点、栽培方式以及管理水平等,灵活地运用留芽技术,可有效地控制香蕉的生长发育和采果期。目前,我国香蕉的留芽,要优先考虑母株和吸芽株的采收期,其次兼顾吸芽的位置和生长特性等。最具效益的采收期,包括产量高,质量好,价格高,能避开不良天气,如低温和台风等。通常避免在11月下旬至翌年2月中旬断蕾。在国外多数长久性蕉园,留芽主要考虑蕉的株行距和寿命,有的蕉园发现母株收获期太早,售价低时,就将母株砍去,让吸芽快点生长,以便在合适的季节收获。

在正常气候和栽培条件下,多数亚热带蕉园未抽蕾植株抽生的吸芽,从出土到抽蕾,一般是一周年。试管苗种植的植株抽生的吸芽,长势较弱,则迟一个月左右。香蕉种植后3~4个月即开始抽生吸芽,吸芽抽生后长至30~50厘米,即可确定留芽。需经1~2个月时间的观察。故香蕉从出土到收获需15~17个月的时间。新植蕉苗期不受母株抑制,生育期略短。选留吸芽的方法如下:

①留芽原则 目前,香蕉有多种栽培方式,如新植蕉、单造蕉和多造蕉。它们的留芽时期、种类、方法有所不同。生产上,可根据市场的需求和栽培方式,调节控制留芽期,使香蕉植株能在适当的时期开花结果。

第一,根据栽培方式留芽:一般单造蕉每年每株只能留一次芽;而多造蕉同一植株在一年之内可以留两次芽。如果第一年在春季和秋季已留芽,第二年则只能在夏季留一次芽。

第二,根据吸芽的发生规律留芽:一般春夏季节吸芽发生数量多,秋后吸芽发生数量少。故可在春夏季选留吸芽,而在秋后应见芽就留,以免缺苗。

第三,根据吸芽的抽生位置留芽:在选留芽时,应先确定留芽位置后选芽,以保持合理的株行距,使植株之间都能有良好的光照条件,提高光合效能。

第四,根据吸芽的生长特点留芽:一般选留生长健壮的二路芽或头路芽;而三四路芽、隔山飞芽、大叶芽、露头芽、畦边芽、沟边芽,以及果穗底下的芽,一律不宜用来接替母株。因为这些芽质量较差,生长慢,很难提高产量。

第五,根据母株的生长状况留芽:过早过迟留芽,对母株和吸芽的生长极为不利。适宜的留芽期应在母株已展开大叶5~6片时选留合适吸芽。

在冬季温度偏低地区,宜选留6~7月份抽出的吸芽生产正造蕉。避免植株在冬季抽蕾,以免遭受冷害,影响产量。

②留芽方法 因地制宜选留接替母株的吸芽,既不影响母株当年的开花结果和产量,又能使新选留的植株,在理想的季节开花结果和收获。根据香蕉栽培方式,吸芽的选留有以下几种方法:

第一,新植蕉留芽法:新植蕉一般在春暖季节的2~3月份定植。在良好的栽培条件下,新植蕉可赶上当年收"雪蕉",次年又可收"正造蕉"。为以后每年都能收到正造蕉,第一年留芽是关键,宜选留头路芽。广西蕉区的经验是:第一年留芽是整个生产周期产量的关键,如果第一次在6~7月份选留合适的吸芽,以后每年都能收正造蕉(在8~9月份)。

种植较迟的新植蕉,地下球茎偏小、肥料不足的蕉园,如果赶不上当年收"雪蕉",应视母株生长情况及栽培条件,灵活留芽。为保证新植蕉在当年和次年都有收获,除加强肥水管理外,一般不选留头路芽,到8~9月份才开始选留新球茎抽出的二路芽。

广东省高州市长坡镇,为控制香蕉产期,生产优质春夏蕉(3~5月份采收),多数蕉农采取每年换位新植的栽培方式,香蕉自3~

4月份定植后,在整个生长发育过程都不留芽,以利于提高单株产量,待香蕉收获前20～30天,才正式选留吸芽,培育优质壮苗。

第二,宿根单造蕉留芽法:是指香蕉一年只能收一造蕉果。香蕉在周年生长过程中,由于吸芽的发生期不同,其采收期有很大的差异。如在3月份至5月中旬留芽,一般在次年3～7月份采收香蕉;12月份至次年2月份留芽,可收冬蕉。故在单造蕉的留芽上,可根据吸芽发生期、气候特点和栽培条件选择理想的收获期。目前,在生产上有两个理想的收获期,即正造蕉(8～10月份)和春夏蕉(3～5月份)。

正造蕉:一般是在6月上旬留芽,次年5～6月份抽蕾,8～10月份收获香蕉。这造蕉适合冬季温度较低的地区,或栽培水平中等的蕉园。冬季温度较高、肥水条件充足的蕉园,宜选留较矮小的吸芽,或推迟留芽期,以防止香蕉提早抽蕾,达不到理想的收获期。土壤瘦瘠、无灌溉条件、母株长势弱和种植密度较大的蕉园,选留吸芽宜早,或留更大的吸芽。

春夏蕉:一般是在3～4月份留芽,次年3～5月份收获的香蕉。这造蕉适合于冬季气温较高,或夏秋多台风的地区。在正常的情况下,一般第一造是春夏蕉,第二造通常是正造蕉。正造蕉往往容易遭受台风的袭击而造成损失。因此,要想每年都收获春夏蕉,的确较难留到理想的吸芽,而且留芽的技术也要高一些。台湾省的经验是:在10～11月份,母株即将抽蕾时开始留芽,所选的吸芽到次年3月份至4月上旬,苗龄5个月左右,就将该吸芽的假茎于地面切掉,并挖除生长点,促使新吸芽的生长,选留第一次长出的吸芽作为结果母株。这种方法既能防止香蕉"露头",又能收到理想的春夏蕉。

宿根单造蕉可根据市场的需求,进行香蕉产期的调节。但由于单造蕉一年只能留一个吸芽,且在母株采收后吸芽比较少,光能利用率比较低,单位面积年产量较低。为提高单造蕉的单位面积年产量,应通过合理密植或留双芽的方法来提高产量。

双株留芽方法:双株留芽是根据香蕉丛生性强的特点来考虑的。这种方法适用于单造蕉。其方法是:一般在5～6月份,在生长健壮的母株两侧或前后,选留两个长势较一致的"八"字形芽,被选留的两个吸芽,应尽可能在同一个方向上,以保证较合理的株行距。如果在同一母株上出现两个吸芽大小不一致时,应加强对较小吸芽的肥水管理,对它多施2～3次速效肥料和根外追肥,使它加速生长,尽可能赶上强的吸芽。否则,会使强弱株的差异加大,既不能达到同时收获,更难达到增产的目的。

留双芽要根据母株的生长状况灵活掌握。如果母株较矮小或长势较弱,留芽期不宜过早,应适当延缓留芽期,待母株进入旺盛生长时才开始选留吸芽。总之,以母株抽蕾时所选的双芽刚好长至花蕾的底下为好。

第三,宿根多造蕉留芽法:所谓多造蕉,是指种植2年收3造香蕉,或种植3年收5造香蕉的留芽方法(表4-19,表4-20)。多造蕉适用于土壤肥沃、肥水条件优越、管理水平较高的蕉园。其留芽原则是:母株在7月份前采收香蕉,当年可以留两次芽,分别在春季和秋季。如果母株于7月份以后采收香蕉,则当年只能留一次芽(在夏季),以便于次年赶在7月份前采收香蕉,为次年留两次芽创造条件。多造蕉留芽虽然技术要求较高,较难留到理想的收获期,但它是提高香蕉单位面积产量和调节产期的有效措施。

表4-19 香蕉两年三造留芽法的物候期

种植或留芽	抽蕾期	收获期
第一年2～3月种植	8月底至9月底	第一年12月至第二年3月
(子1)第一年6月	第二年6月	第二年8～9月
(子2)第二年3～4月	第三年2～3月	第三年5～6月

表 4-20　香蕉 3 年 5 造留芽法的物候期　（曾惜冰，1990）

种植与留芽	抽蕾期	收获期
1959 年 2 月定植	1959 年 9～12 月	1960 年 2 月
（子 1）1959 年 6 月	1960 年 6 月	1960 年 8 月
（子 2）1960 年 4 月	1960 年 11～12 月	1961 年 3～4 月
（子 3）1960 年 7 月	1961 年 5 月	1961 年 8 月
（子 4）1961 年 4 月	1962 年 4 月	1962 年 7 月

　　多造蕉留芽虽然比较复杂，但可根据吸芽发生期与采果期的关系，来考虑留芽。广东省珠江三角洲围垦区蕉园，由于大多数为冲积壤土，土壤肥沃，有些蕉农采用"三代同堂"的留芽组合。其方法是：在良好的栽培条件下，母株抽出 5～6 片大叶时就开始选留吸芽。当母株进入抽蕾时，被选苗的吸芽也长至母株果穗的高度，在母株即将采收时，所选留的吸芽也已长至母株的把头高。此时，第二子代吸芽开始露出地面。这种留芽组合较为理想，既不影响母株生长和果实发育，又能使所选留的吸芽正常开花结果。多造蕉容易受到不良气候条件的影响，所以，留芽后要配合其它管理措施，才能收到预期的效果。

　　第四，大蕉留芽法：大蕉在正常的年景下，周年都可以生长、开花和结果。在周年的生长当中，以 4～6 月份收获的大蕉，产量高，品质好。所以，在大蕉的留芽上，应注意考虑这些特点。一般在 2～3 月份选留 50 厘米左右高的吸芽，经过 8～10 月份的栽培管理，于当年 12 月份至次年 3 月份抽蕾，4～6 月份采收。大蕉虽然管理粗放，但为了获得理想的收获期，提高蕉果的产量和品质，应控制吸芽的生长量，通常每株只留一个芽。

　　第五，粉蕉留芽法：粉蕉的生育期较香牙蕉长 2～3 个月。故粉蕉的留芽期比香牙蕉早，一般宿根蕉以春季留芽收夏蕉，秋季留芽收春夏蕉为宜。

(4)除芽 香蕉球茎抽生的吸芽很多,有几个甚至十几个。这些吸芽都有可能生长发育成为下一代的结果母株。但是,每株香蕉在一年内只能选留 1~2 个合适的吸芽,作为次年结果母株。其它多余的吸芽,要及时切除。通常以在吸芽出土后 15~30 厘米高时除芽为宜。太小容易伤及母株,除芽也难准确;太大消耗养分太多。如果除芽不及时或不适当,会不断地消耗母株大量营养物质,影响母株生长发育和产量,同时也影响接替母株的子株生长。所以,在选定接替母株的吸芽后,见到新芽露出地面时就要及时切除。此时吸芽幼小,对母株牵制作用小,对母株球茎的伤害较轻。在用蕉锹除芽时,要尽量减少伤害母株球茎及附近的根群,防止机械伤而引起球茎腐烂。晚秋后抽生的吸芽,由于气温低,湿度小,地上部生长较慢,消耗养分不多,而地下部较活跃,可吸收肥水及制造激素供养母株,故通常要少除。吸芽生长较旺盛的夏秋季,每15~20 天需除芽一次。

在沿海多台风地区,可以效法中南美洲和台湾省的除芽方法,用利刀将吸芽地上部切除,并用刀尖挖除中心生长点,或在中心生长点滴 2~3 毫升煤油,除掉生长点,以达到除芽目的。这种除芽方法,母株比较牢固不动摇,根部没有受损伤,故植株不易倒伏。

2.植株抽蕾后的管理

(1)护蕾 香蕉抽蕾时,若气温高,湿度大,加上盲目追肥,花蕾硕大,果轴鲜嫩,抽蕾速度快,故容易掉蕾和落蕾,有的蕉园,每667 平方米一夜之间落蕾 5~6 个,损失 200~300 元,最多的一个秋季落蕾可多达 50 多个,损失 2 000 多元。因此,做好香蕉护蕾工作,是香蕉生产过程中一个至关重要的环节。

①及时顶蕾 香蕉长出最后一片叶时,就必须准备好顶蕾工具,用竹尾做成"Y"形的竹叉。待花蕾稍下垂时,立即用竹叉顶住弯曲处。在蕉株抽蕾期间,要经常巡视蕉园,一天要巡视 2~3 次,

避免由于花蕾重量的逐渐增加而折断果轴。

②**控制水分**　香蕉虽然喜水,抽蕾期间却要适当控制灌水,如水分过多,抽蕾速度加快,特别是夏季雨天抽蕾,最容易落蕾,要严加防范。

③**合理施肥**　适时施肥,施重肥,是降低落果率的重要措施。几年来,福建省平和县坂仔镇蕉农总结采用"前足,中重,后补"的施肥方法,不仅提高了香蕉的产量和质量,而且减少了落果。这种方法就是在香蕉长出 10~20 片叶时,开始施重肥,直到香蕉叶长至 22 片左右,即抽蕾前 20~30 天停止施肥,落果现象大大减少。同时,施足一定数量的钾肥,也是减少落果的一个重要手段。

(2)校蕾　校蕾,是指香蕉抽出花蕾后,有些叶柄阻碍了花蕾往下垂,因此,需及时校正花蕾。香蕉花蕾具有向下垂生的特性。在一般情况下,花蕾都能正常往下垂。但也有些植株的花蕾被叶柄阻挡而不能下垂,如果任其继续生长下去,就会因果实不断生长发育,重量逐渐增加,而把叶柄压断,随之果穗就会失去依托而被折断。所以,在蕉株抽蕾期间,必须经常检查。如果发现上述现象,应及时校正花蕾,把花蕾移到叶柄侧边,使花蕾顺利下垂生长。

(3)断蕾　断蕾,是指香蕉雌花开完,见到有 2~3 梳雄花开放时,即将花蕾割除。香蕉花序开放的次序是:基部雌花先开,接着开中性花,最后开雄花。中性花和雄花不能结果。如果任其自然生长,会消耗大量养分,影响果实的发育,延迟采收期,降低产量。因此,在雌花开放结束后,应及时将无用的花蕾割除,让养分集中供应果实发育。摘除花蕾时,应留一段果轴,以便于采收时手握末端果轴好操作。

香蕉花序开放后,一株果穗要留多少个果梳、何时断蕾、如何断,也是一个值得探讨的问题。留梳数量要根据土壤的肥力和气候来决定。总的来说,保留果梳宜少不宜多。果梳留得太多,不但影响产量,而且影响质量和效益。一般每株留 8~10 个果梳就足够了,最多不宜超过 12 个。立秋后断蕾的,一般留 7~9 个为宜。

断蕾一般可在雌花开放结果后进行。待果穗下垂,根据留梳数的多少,在其所留最后一梳下间隔 1~2 个果梳处,用利刀一下切断花蕾,然后把多余果梳中的花序,不管是雌花,还是中性花,都除去,最后的果梳只留 1 个果指。这样既不因多留果梳而影响质量,又不至于因切断处腐烂而影响尾梳生长。断蕾时间,应选择晴天午后,在叶片边缘下垂、蕉株水分较少时进行。台湾学者认为,断蕾须视果穗的下弯与果实的上弯情况而定。果实上弯好的宜早些断蕾,上弯差的宜迟些断蕾。蕾的存在有利于果实尤其是第一、二梳果的上弯。

雨天或清早与晚间,不宜断蕾。因为此时断蕾,花蕾的断面不易愈合,病菌容易入侵伤口而引起腐烂。同时蕉液大量渗出,也影响蕉果的生长发育。

(4)疏果　在正常的情况下,一株香蕉结果可达到 10 梳以上,少的也有 7~8 梳。每个果穗的梳数及果指数的多少,因品种、植株长势及开花结果季节不同而异。如果果穗梳数及果指数过多,就会影响果实的增长增粗,果实大小也不一致。为提高香蕉果实的商品等级,使果穗上下大小较均匀,应对结果多的香蕉植株适当进行疏果。疏果的多少,应根据不同的开花季节、植株的绿叶数以及果实的发育情况来决定。一般正造蕉留 8~10 梳果;春夏蕉留 6~8 梳果较合适。在台湾省,香蕉结果多在 10 梳以上,而只保留 6~8 梳。疏果可与断蕾一起进行。在雌花开完后,香蕉果实开始向上弯曲生长时,就疏去不合格的果梳。疏果后末端最好留 1~2 个果实生长,以防止果轴往上腐烂。疏果多数是将果穗末端 1~3 梳果实割除。若首梳果数较少且梳形不好,也可疏除。疏果后,可顺手将果指尖端的花柱、花被摘除。如果果指尖端的花柱留到采收后摘除,伤口流出的蕉乳,会污染果指,影响果实的外观。据喀麦隆学者介绍,近来一些国家,如日本等国的商人,香蕉以整梳销售,对每梳的果数也有严格的规定。这就要求果数太多的果梳,要疏去不合规定的果,通常以开花后未上弯时留定每梳果数,而将多余的果指疏去。

(5)果穗喷药及套袋 香蕉在花蕾期和果实发育期,容易受黑星病、炭疽病和花蓟马的危害。尤其是花蓟马的危害更为严重。据台湾省蔡云鹏(1986)报道:未抽蕾的香蕉植株没有花蓟马活动,一旦现蕾,花蓟马就出现,花苞尚未展开它就已开始危害。故香蕉现蕾后,应及时防治花蓟马。在整个果实发育期,喷2~3次药,并结合套袋,可以达到防治的效果。喷药也可以结合进行根外追肥。常用的营养剂,主要有磷酸二氢钾、尿素和植宝素等,效果都不错。但嫩果抗性差,浓度太高会造成药害,所以必须小心应用。

香蕉从抽蕾到成熟采收,要在蕉园挂果2个月以上,果实易受外界不良因素的影响,如日灼、机械伤、病虫害和鼠鸟害等,特别是冬季气温低易遭寒害,会严重降低香蕉商品价值。果穗套袋,可有效缓解这些因素的影响,对减少病害通过雨水传播,提高药物对病虫害的防治效果,减少果实的机械伤,改善果实的生长环境,促进果实的发育,提高果实的质量和产量有很大的作用。果实套袋,可提高袋内温度,晴天增温效果明显,通常可增温1℃~3℃;阴天、雨天增温效果较差,晚上基本不增温。在低温季节,由于套袋白天可增温,增加了果实的有效积温,因而收获期可提早10~20天,也可减少寒风对果实的直接吹打,降低冷害程度。据福建省报道,双层薄膜袋比单层薄膜袋防冷增温效果更好,故果穗套袋已成为低温季节果实防寒的重要措施。在果实病害严重的旧蕉区,雨季套袋也是提高果实商品质量的重要措施。但在夏秋季,果实套袋后在阳光直射时温度可达43℃以上,容易灼伤果实。为避免套袋果穗暴晒,可用蕉叶、报纸等为果穗遮荫。

我国目前普遍采用的香蕉袋,多为0.02~0.03毫米的蓝色薄膜袋,一般长1.2米,宽(周径)1.6米,两头通。高温季节,蕉农用纤维蛇皮袋套果,效果也不错,不会发生高温灼伤果实的现象。台湾省试验套用纸袋和双层蓝色塑料薄膜袋,对防止果实两端着色有很好的效果。国外为防灼伤果实,套用白色不透明的袋或一面蓝色一面银灰色的薄膜袋,夏季用的袋还在袋上打孔通气,有的还在袋内喷些防病虫害的农药。最近,福建省平和县新雅包装有限公司,开发出了内含无毒杀菌剂的香蕉果袋(黄色),规格有1 400毫米×750毫米和1 600毫米×800毫米两种,可用于无公害香蕉生产。根据台湾省经验,给香蕉套用蓝色 PE 塑料薄膜袋效果最好,可使果实增产8%～12%,果实色泽美观,外销合格率高。套袋宜在断蕾、疏果后喷一次防病虫药剂后进行。

套袋时,从果穗下端套入,上袋口扎在果轴上,以防脱落和老鼠钻入,内用一把干蕉叶或稻草压紧盖实,可提高袋内果穗周围的温度和湿度,又可以保护心叶和果轴,减轻冻害。套袋的同时,在袋下扎一彩色带子,不同时期采用不同颜色,作为不同生育期和批量的标记,以便采收。套袋后,要经常检查蕉果生长情况,防止老鼠危害,还要注意防止日灼和防治黑星病。特别是夏季,气温超过25℃以上时,果穗套袋一定要有衬垫物隔离,以防日灼。

(6)香蕉采收后植株假茎的处理 香蕉采收后,一般都要砍除母株的假茎。有些蕉区为管理方便,将母株假茎砍倒在地面;也有些蕉区只割除母株上的叶片,不砍除假茎,让其自然腐烂,或者保留假茎在100厘米左右。母株假茎处理的方法不同,其效果也不一样。澳大利亚试验结果表明:保留母株假茎高度在200厘米,其三代植株的生长比保留10厘米假茎的快,收获期提早18天,产量提高12%。说明母株假茎与子代植株生长发育有密切关系。因为香蕉采收后,母株假茎仍然贮存着大量的养分和水分,这些养分和水分可回流到球茎上,不断地供给子代植株进行生长。因此,采果后母株假茎应保留150厘米左右的高度,以利子代正常生长。

(7)枯叶、旧蕉头的处理 在正常的情况下,香蕉叶片生长到

80~90天之后便开始衰老,出现枯黄,失去了正常的生理机能。为方便蕉园管理,减少病虫害,在生长过程中,可随时将枯叶割除,保持蕉园整洁。此外,每年春暖之后要及时清园,割除枯叶及腐烂的叶鞘,杀死越冬的害虫。其做法是:切除枯叶时,用锋利刀逐层向内割,切口要向外倾斜,以免叶鞘切口积水腐烂。

香蕉采果后虽然假茎已枯死,但地下球茎仍然继续生存,在1~2年内球茎还可以抽出细弱的大叶芽。如果不及时将隔年的旧蕉头挖除,让其自然生长,会继续消耗养分,阻碍子株球茎和根系的生长,故每年应将隔年蕉头挖除。通常等残留假茎腐烂下塌后,再挖去旧蕉头,填入新土,以利于吸芽根系的生长发育。

最近海南省研制出东方红4JX–120/1MJ–100型香蕉茎秆/根茬切碎还田机,大大地提高了香蕉茎秆和旧蕉头的处理效率。

(8)叶片管理 香蕉属常绿草本植物,叶片长而宽,是进行光合作用、制造有机质的主要器官。蕉叶的生长速度、大小、形状和寿命,都直接影响到香蕉的产量与质量。香蕉叶片寿命一般在70~90天,靠近果穗的叶片寿命可达150天以上。从17片叶序开始的叶片,对香蕉的生长影响最大。据观察记载,在日平均温度14℃~16℃的条件下,每长一片叶需33~35天,管理差的需42天;在日平均温度为18℃~23℃的条件下,每长一片叶需18~19天,肥水足、管理好的只需14~15天;在日平均温度为25℃~26℃的条件下,每长一片叶需9~10天,管理好只需5~6天。植株叶片数较多,叶片面积较大,撕裂、破损较少,叶色浓绿且有光泽,即能获得蕉果的高产和优质;反之,假茎中下部的叶片过早枯黄,绿叶数少,叶面较小,叶薄无光泽,则产量不高,品质差。因此,在栽培上要把培养和保护叶片,作为创高产、夺优质的重要措施来抓。

造成香蕉叶片受损的原因多种多样,但主要有"三害":一是"肥害",追施化肥量过多,且靠近头部,会造成"肥害";二是"水害";三是"病害",由于病虫危害,叶片急速枯黄。要使香蕉不受

"肥害",可在香蕉生长初期,选择晴天,在离头部远一点的地方施足化肥,中、后期采用薄肥追施,可避免"肥害"。为了避免"水害",在夏季高温时,不宜灌水过多,以沟底有浅水即可。蕉叶"病害"主要是叶斑病,要及时采用有效措施加以防治。

在叶片管理方面,福建漳州蕉农总结了一套看叶管理的成功经验,很值得推广。其做法如下:

①**看叶数** 叶片的数量,是植株不同时期生长发育的标志,可供栽培管理作参考。一般在吸芽生长有 5~6 片叶时移栽,成活快;新栽苗新吐出 1~2 片叶后施足苗肥,效果很好。当蕉株新抽生有 8~10 片大叶时,表示生长旺盛期,此时期对肥、水特别敏感,要攻重肥,促进生长。当植株抽生 16 片叶以上,就要按逆风方向立支柱或插竹加绑进行保护,以防大风吹断蕉叶和假茎。当生长到 18 片叶左右时,应在终止叶吐出以前施果穗肥。过冬苗宜掌握在 8~12 片时控水控肥,抑制生长,以利于安全过冬。为了不影响当年结果株生长发育,还要注意吸芽的选留,一般一年一熟的宜在有 10 片叶左右的结果株中留芽。

②**看叶色** 香蕉叶色浓绿,油亮,旺盛叶片多,是丰产的预兆,表示肥水充足,长势良好。反之,则表示营养不足,或地下水位高,应增施肥料或开沟排水。香蕉生长后期叶片缺绿时,可用 0.2% 磷酸二氢钾作根外追肥,每 7 天一次,连续 3 次,以防止叶片早衰。如果在老叶片上出现病斑,可用 50% 托布津 600 倍液,或用 50% 多菌灵 1 000 倍液进行防治。如在夏、秋季发现蕉叶边缘干枯,表示有旱情,要注意多灌水防旱;在隆冬及初春发现叶缘干枯,则表示有霜冻寒害,要及时采取防寒措施。

③**看心叶** 即观察香蕉心叶生长速度、色泽和长相。如果心叶生长快,叶色浓绿,则表明营养充足,生长好。如心叶色淡,表示氮、磷元素不足,根系生长不良,要注意增施有机肥,及时排水。如心叶薄而幼嫩,表示缺钾,要增施草木灰、腐熟猪粪等肥料,并用

50%多菌灵可湿性粉剂1 000倍液喷洒叶面。如心叶部分干枯,应即剥除。若心叶枯死,要割除蕉茎,挖掉已烂蕉头,同时增施磷、钾肥,促进吸芽萌发,或补植新苗。如心叶残缺不全,表示有象鼻虫躲在假茎中为害,可剥割烂叶鞘,施药毒杀害虫。

④**看叶形** 吸芽萌发出土后,按叶片形状可分为剑叶芽与大叶芽两种。剑叶芽,是指刚抽出狭窄细长的叶片,从地下球茎较深处萌发生长的形似竹笋的芽,又称"笋仔苗"。其苗健壮,生活力强,可从中选留1~2株作为结果株。大叶芽,是从营养较差的母株长出,或从前代结果植株的地下茎长出,有"前人囝"之称。大叶芽抽出位置浅,入土浅,茎细弱,生长差,不宜选作种苗,应及时割除。叶片在花芽分化以前是一片比一片宽而大;花芽分化后,叶片变短小。所以,叶片最大时,即花芽分化开始期。因此,可根据香蕉叶形变化规律,掌握适期施肥。在花芽分化前主攻生长肥,为花芽分化积累充足养料。一般在终止叶长出时重攻"果穗肥",增大果指,提高产量。若发现蕉叶变形,叶身变得特别细长、窄小,叶脉粗,叶片较直立,或者有几个叶片集中在一起呈束状,表示可能感染束顶病,应立即处理。

⑤**看叶面积** 单株叶面积的大小,关系到植株生长好坏,花芽分化的迟早,果穗的大小及其产量与质量。叶面积大,叶片肥厚,表示营养充足;叶面积增大迅速,表示花芽分化提早。在生长旺盛期和开花期,叶面积大,蒸腾量大,需水量也大,应注意及时灌水,以保证植株正常生长。

(七)天气性灾害的预防

1.香蕉日灼病预防

(1)加强护理 多施有机肥,增施草木灰或钾肥,培肥地力,使土壤疏松,提高保水保肥能力,改善根系生长环境,培育发达根群,增强树势。

(2)灌水防旱 在高温干旱时期,给蕉园早晚灌跑马水或淋水防旱一次,保持蕉园土壤湿润,以满足植株生长对水分的要求,促进植株健康生长。

(3)叶面喷肥 生长弱的植株,在每张新叶抽生时,用0.2%尿素加0.3%磷酸二氢钾或高钾叶面肥,对叶面喷雾,也可用云大-120、叶康营养液进行喷施,以利于叶片健康生长,提高抗病能力。

(4)果穗保护 对已挂果的植株,可以用干枯的蕉叶1~2片遮盖果穗,以避免或减少果穗的日灼。

(5)喷药保护 对已受灼伤的蕉叶,可喷洒800倍液氧氯化铜或绿乳铜,或按硫酸铜0.8∶生石灰1∶水100的比例配制波尔多液,保护伤口,并以白色板材反光,减少日灼病的发生。

2.风害的预防

(1)风害的后果 香蕉叶大,根浅,植株较高而干较脆,结果后果穗又较重,因而极易受大风或台风的危害。香蕉植株受风害后,轻者折断叶柄,撕裂叶片,重者折干倒伏。进入花芽分化期的植株,叶片大,植株较高,干很脆,很易受风害。我国台风发生期通常是7~9月份,6月份和10月份也偶有台风袭击。风害是华南蕉区的主要灾害之一,必须认真防止。

(2)风害预防措施及灾后管理

①**选择抗风品种** 根据各地区大风或台风的危害情况,选择适合本地区种植的耐风品种。一般台风较多、破坏性较大的沿海地区,正造蕉宜用中矮把品种,如广东香蕉1号、大矮蕉等;春夏蕉宜用中把品种,如广东香蕉2号、中把威廉斯等,最好不要用高干品种。据广东省农业科学院果树研究所在高州的试验,在8~9级风时,高脚遁地雷和齐尾品种的折倒率,分别为71.3%和60.3%,矮脚遁地雷、大种高把和白油身的折倒率,为2.9%~4.8%,而广东香蕉1号和广东香蕉2号则无倒折。据台湾省报道,B.F.香蕉(中矮把品种)干高为240.6厘米,台风折倒率为6.5%,而北蕉(中

把品种)干高为270.3厘米,台风折倒率为38.8%。一般植株干愈高,抗风性愈差。但干的折倒率,与干的粗细等也有一定的关系。据斯头佛(1987)介绍,宿根蕉干高同是3.3米的伐来利和粗把香芽蕉,在3米高处的风速为38千米/小时的折倒率,分别为11%和3.6%;而干高为2.8米的大矮蕉,折倒率为0.3%。

②避风栽培　在台风多的地区,要使香蕉的抽蕾挂果期避开台风季节。一般10月份至翌年4月份,抽蕾的植株受台风影响程度较小,这也是目前沿海地区大力发展春夏蕉的原因之一。另外,由于宿根蕉的株型较高大,尤其是正造蕉,较容易受台风危害,须改多造栽培为单造栽培,或一年多造为一年一造春夏蕉栽培。

③选择避风地形及营造防风林　在台风较多的地区,要选择一些对台风有自然屏障作用的地形,如山谷地,在台风袭击方向有山或林挡风的地方。对于平原地区,要营造防风林,或种植植株高大而抗风力强的畦头大蕉作为防风林,以减少风害的损失。

④立防风支柱保护　对于在台风季节进入花芽分化期的植株,应就地立防风支柱,缚好尼龙绳,提高植株抗风强度。对未抽蕾的植株可缚上部假茎,并逐月向上移缚;对抽蕾的植株,可缚果穗轴。立柱的位置与植株倾斜方向相反,支柱深40~50厘米,柱的高度应略高于植株干高。国外一些蕉园,用立水泥柱、拉铁丝绑缚植株的方法防风,值得我国借鉴。若能采用立防风支柱结合拉尼龙索网,则防风效果更好。每公顷用绿色尼龙索约35.5千克。

⑤注意培土　香蕉生长快,球茎容易露出地面,降低抗风性,因此,要及时培土。尤其是宿根蕉园,要经常培土,以增加植株的抗风能力。大密啥香蕉培土后比不培土可减少风害损失30%。

⑥注意象鼻虫的防治及施肥管理　象鼻虫蛀食香蕉假茎,会大大降低植株的抗风能力,虫害严重的挂果植株,在无风时也会折断,故防治象鼻虫极为重要。另外,偏施氮肥,会使植株徒长,组织松软,抗风力减弱,故应适当增施磷钾肥,增强根系,增粗假茎,增

强组织的韧性。

⑦**加强风害后的管理** 台风过后,要抓紧清园,将倒折的植株砍掉,让吸芽尽快生长,连根拔出的植株,可砍去上半部茎叶后重新种上,让吸芽生长。对有一定成熟度的倒折果穗,可收获后低价卖出。没有折倒的植株,因受风摇晃后根系受伤,故应培土及加强肥水管理。风后干旱的蕉园,要经常灌水,最好配合叶片喷水和根外追肥。强风有助于蚜虫和病菌的传播,往往风后病虫害也较严重,故风后须加强病虫害的防治工作。

3.冷害的预防

(1)冷害的种类 冷害的机理较复杂,目前还不是很清楚。香蕉的冷害主要有干(风)冷、湿冷及霜冻三种。

①**干(风)冷** 主要为平流冷害。北方冷空气南下,干燥低温的北风吹打香蕉植株的叶片和果实,造成叶片或果实失水、变褐。干冷通常温度较高,不会使植株死亡,主要危害叶片,尤其是嫩叶、果穗、幼果和老果,多在春节前发生。

②**湿冷** 低空受冷空气的影响,高空受暖空气的影响,大气湿度大,常伴有小雨。通常湿冷的温度也较高,但低温时间长。主要危害未抽蕾的植株生长点或花芽花蕾,造成烂心。老熟的叶片及果实似乎症状较轻。

③**霜冻** 处于平流冷害的天气,无风无云的寒冷之夜,地面辐射强烈,气温大幅度下降。由于温差,在叶片表面上形成一层冷水层(也称霜水),其温度很低,使叶片受冷害。霜冻时常夜晚温度低,而白天有阳光温度高,温差大,加剧危害的程度。受霜冻影响最大的是叶片,其次是果实和假茎。叶片会变褐干枯,果实会变黑,而假茎会褐变渗水。

(2)防冷的措施 冷害的形式不同,预防的方法也不同。一般干冷的预防是挡风,湿冷的预防是防水,而霜冻则要减少地面辐射及排除冷水层。香蕉植株的不同器官及不同生长期的植株,对低温的敏感度稍有差异,这也是预防冷害可利用之处。但目前预防冷害是对付一些轻的冷害,对于严重的冷害,则较难预防。冷害对春夏蕉危害大,其预防措施如下:

①**适时种植与留芽,控制抽蕾期** 一般冷害多发生于1月份和2月上中旬,有时11月中下旬也有寒潮,故香蕉栽培必须控制在11月上旬前抽蕾,在寒潮到来时,果实上弯转绿,最好有三五成的饱满度。这样,香蕉的耐寒性较好,能较安全越冬。11月中旬至翌年2月中旬,抽蕾形成的果实很易受冷害,即使不受冷害,其产量和质量亦较差。另外,植株花芽分化的温度也很重要。低温期进行花芽分化,5月上旬前后抽蕾的"长短指",产量低,质量差;而10月份花芽分化,翌年2月底至3月份抽蕾的尖嘴蕉,通常产量最高,果形好,质量高。故冬季较冷的地区,春植要抓早,并配合密度、肥水管理等措施,使抽蕾期适宜。对于估计11月上旬前无法抽蕾,但已孕蕾的植株,晚秋及冬季要控制氮肥及水分的供给,避免在低温期抽蕾。

②**选栽抗寒品种** 冬季经常有严重冷害的偏北地区,要种植正造蕉,或用大吸芽苗春种植,当年收果,也可种植耐寒性好的大蕉和粉蕉等。

③**重施过冬肥** 10月份施一次农家肥加磷、钾肥,最好是草木灰和火烧土等热性肥料,以提高植株的耐寒力。

④**叶面喷药(肥)保护** 入冬前,对香蕉叶片可喷磷酸二氢钾液(0.1%~0.3%)等,提高叶片汁液的浓度。喷高脂膜(200倍液)和抑蒸剂(1%)等,对预防干冷有利。

⑤**蕉园覆盖** 用地膜、稻草等覆盖畦面,尤其是覆盖蕉头处,以减少地面辐射,提高土温,增加根系活力。

⑥**果实套袋** 抽蕾后,用薄膜袋套果或花蕾防寒。在连续低温阴雨时,最好束紧袋的下开口,晴天即打开。

⑦**熏烟、灌水防霜** 在有霜冻的夜晚,于蕉园熏烟可减少霜

害;在夜晚给蕉园灌温度较高的跑马水,在白天将水排干,也可以提高地温,保护根系;在早晨用水喷洗白霜,也可减轻霜害。

(3)遭受冷害后的补救办法 香蕉遭受冷害后,可采取以下办法进行补救:

①受冷害后,及时割除冷伤的蕉叶和叶鞘,尤其是未开张的嫩叶,防止其腐烂蔓延。

②根据冷害的程度,采取相应的措施。如母株受冷害不严重,估计还可抽出6～7片新叶、2～3个月后可抽蕾的,可除去秋季预留的秋芽,改留小芽,让母株充分生长;如母株受害严重,在接近抽蕾或刚抽蕾无绿叶时,最好砍去母株,让吸芽尽快生长,争取当年能及早收获蕉果。

③孕蕾的植株,因寒害后花蕾抽不出的,可用小刀在假茎上部割一长15～20厘米、深3～4厘米的浅痕,以利于花蕾抽出。

④提早施速效肥,尤其是速效氮肥,如碳铵等,对恢复和促进植株生长有显著的作用。对于挂果而绿叶数较少、根活力较差的植株,要经常对果穗和叶片进行根外追肥,保证果实继续生长,最好喷绿旺氮、绿旺钾或其它营养元素。

4.防冻与冻后抢救

香蕉原产于热带地区,忌低温,生育期要求高温多湿。当气温降到5℃时,蕉叶会枯黄,若持续时间长,地上部会全部被冻死。如遇阴雨天气,气温虽在4.5℃左右,也会引起烂心而致死。短期受冻害虽不会全株死亡,但也会影响香蕉生长,造成减产,甚至绝收。因此,加强香蕉越冬管理,是夺取稳产高产的关键措施。

(1)防 冻

①**加强冬季蕉园管理** 立冬前,香蕉根系尚处在活动阶段,按照不同的土壤和蕉株的生长情况,要追施农家肥,每株浇水肥10千克。同时,在蕉头盖草木灰拌火烧土15～20千克,以增加地温,提高抗寒能力。对1米高以下的吸芽,要包扎稻草、甘蔗叶或干蕉

叶,外面包一层塑料薄膜,以保护吸芽。所包薄膜,要盖住蕉头附近25厘米的土面,以防雨水直接流至吸芽,同时提高膜内温度。

②护果与盖草　寒流到来之前,对已吐蕾或断蕾的蕉株果穗,可用有孔的蓝色或银色塑料袋从香蕉果穗下端套入,然后在果轴弯曲处上部,用一把干蕉叶或稻草压紧盖实。这样,既可提高袋内的温度和湿度,利于果穗的生长,又可保护心叶和果轴,减轻冻害。待到第二年春天温度回升时,掀开干蕉叶,脱下塑料袋,促进果实正常生长,保证香蕉的产量和质量。对未抽蕾的香蕉,可把蕉株顶部叶片扎成束状,盖上稻草,以防寒害。

③灌水防寒　冬季气候干燥,伴有西北大风,蕉园耗水量大,常呈现缺水状态,容易遭受冻害。所以,霜前、霜后要及时灌水。这是蕉园防寒防冻的一条重要措施。

④熏烟防冻　可用稻草、杂草和干蕉叶等,最好是稻谷壳和锯木屑,作熏烟材料,在蕉园均匀分布,每667平方米放置16堆,每堆3千克,如能拌入0.45千克的废柴油或废机油,则效果最佳。当23时气温降到5℃~6℃,可能出现霜冻时,就可以点火熏烟,改善蕉园小气候,避免冻害,或减轻香蕉受冻的程度。

(2)冻后抢救

①早抢救　香蕉受霜冻后,叶片干枯,心叶不同程度地糜烂。应把枯死叶片割除,把烂心的茎段截去,以免糜烂部分蔓延发展,影响心叶伸长。

②早追肥　气温、地温稳定回升时,应根据受冻蕉株根系生长慢、吸肥慢的特点,采用薄肥勤施的方法,每株施碳铵100克,过磷酸钙250克,氯化钾50克或腐熟水肥10千克,结合松土,开穴施入。经过7~10天后,用同样肥料再施一次。

③早松土　耕翻松土,更新老根,促长新根,在距蕉株4.5厘米外可用犁或用锄深翻20厘米,斩断老朽根,促发新根。距蕉株4.5厘米以内,可用锄头浅耕5~10厘米,结合挖除部分老朽蕉

头,扩大留株块茎营养生长范围。结合松土,每株翻埋土杂肥50～100千克,草木灰等热性肥1～1.5千克。

④早清园 把残桩、死株和无效株及时砍除,斩成3～4小段,并收集割下的枯叶,在两株间挖长穴深埋(穴长1米、宽0.3米、深0.5米),并结合施重肥,穴施水肥12～20千克,加复合肥0.5～1千克,或1～1.5千克复合肥加氯化钾0.5千克、过磷酸钙0.5千克。于水肥干后覆盖杂肥或肥土,为香蕉5～7月份迅速生长发育,创造良好的土壤环境条件和营养储备条件。

⑤早定苗 定苗关系到产量、质量和产期,是优质高产关键之一。一般于3月份选留越冬吸芽壮苗一株,5～6月份又选留春萌吸芽苗一株,7～8月份再选留秋萌吸芽苗一株,则可实现一年一熟或两年三熟。除此之外的蕉苗和新长出的芽苗,均应及时除去。

⑥早防虫 开春"圈蕉"(割除干枯叶鞘)清园时,要注意捕捉或挖除象鼻虫,并用敌敌畏800倍液喷心叶及叶鞘处,毒杀害虫。

⑦早改土 及早深耕,施用塘泥、土杂肥和客土,挖深沟,结合培土,创造疏松、肥沃、深厚、低水位的良好土壤条件,以适宜香蕉生长。对旧蕉园每年应施一次石灰,用量为每公顷750千克,进行消毒杀菌,增钙改土。

⑧早清沟 香蕉既怕旱,又怕渍水。春夏多雨,要及早清沟,及时排水,以沟中水面距畦面65厘米为好。清沟既有利于排灌,又可培土护根。

⑨早防病 要着重早防、早查、早除束顶病植株。平时应增施钾肥,并喷乐果800倍液,消灭心叶和叶柄处蕉蚜。在蕉苗65厘米左右高时,每隔7天喷一次,共防治2～3次。一旦发现病株,应及时处理,消灭病原。对病株及周围植株,喷40%乐果1 000～1 500倍液,以消灭蚜虫。

⑩早促长 经常进行根外追肥,以加快生长。在新叶长出2～3片后,用稀土肥料40克加水50升,配成肥液喷叶,可促使叶片增

厚、增大和增绿,增强光合作用能力和抗逆性。每隔 7～10 天,用磷酸二氢钾 100 克加尿素 200 克和水 50 升配成的肥液喷叶。缺硼、缺锌的蕉园,所喷肥液中要再加微肥合剂或加 0.2％硼砂、0.2％锌,喷两次即可。在干旱气候根下,进行外追肥效果更佳。

部分高寒地区的蕉园,如果遭受冻害严重,则要动大手术,及时断株。香蕉的地下茎是根、叶及芽着生的地方,又是整个植株的养分贮存中心。当植株遭受冻害后,地上部管状叶逐渐向下腐烂,造成整株死亡。所以,要及时砍断受冻害的假茎,保护地下茎。以蕉株受冻轻重程度确定砍留。受冻不重,估计 5～6 月份可抽蕾者,即把冬季选留的预备株除去,集中养分供给母株。如果母株受冻严重,即使会抽蕾,产量品质也会受影响。故要果断砍掉母株,从距地面 1 米左右处将其切断。

砍断假茎后,要立即追施一次水肥,每株的用肥量为 6～7 千克。以后每隔一个月浇一次。另外要适量施用化肥,每 50 千克水肥掺入碳铵、硫酸钾各 250 克。花芽分化时,每株距茎头 50～60 厘米处,开深 7 厘米、宽 15 厘米的环形沟,施入过磷酸钙、氯化钾各 50 克和尿素 100 克,促进果实发育。

5.涝害的预防

(1)涝害的原因 香蕉涝害轻重与下列因素有关。

①**品种** 大蕉、粉蕉的耐涝性较强,而香牙蕉的耐涝性差。

②**浸水时间** 浸水时间长的受害重。浸水 72 小时的植株,在 15 天后有 25％出现涝害症状,浸水 144 小时的,15 天后所有植株都出现涝害症状,且较严重。

③**香蕉生长期** 刚抽蕾或即将抽蕾的植株,最易受涝害,株龄较低或果实成熟度较高的挂果植株,相对较耐涝。

④**蕉园的荫蔽度** 蕉园密植荫蔽的比疏植透光的受害较轻。

⑤**施肥情况** 浸水前 7～15 天,施重肥尤其施速效氮肥的,比不施肥的受害重。

⑥种苗来源　试管苗长成的植株,比吸芽苗长成的受害重。

⑦气候因素　浸水后长时间高温干旱,会加剧涝害。

(2)涝害的后果　香蕉受涝害的首先是根。根受涝后缺氧腐烂,而后吸收能力下降,植株水分供求失去平衡,叶片等得不到水分就枯萎,新叶无法抽生。浸水时土壤温度高,会加强根的呼吸,并降低氧的溶解度,从而使涝害严重。浸水后高温暴晒,会使叶片蒸腾量大,对水分需求多,使涝害后根系受伤,吸水能力差的植株水分更加失调。

(3)涝害的预防措施　预防涝害,最根本的是要搞好防水排水系统。对于水位高,地势低,易受洪水危害的蕉园,一定要修筑防水坝和三级排水沟,设立抽水排水系统,及时将蕉园内过多的水排走。另外,在高温期进行土壤覆盖,合理密植,可减轻涝害的威胁。施肥量少而次数多,也有利于减轻涝害。

(4)涝害后的补救办法　香蕉遭受涝害后,根系受伤或腐烂,吸收能力减弱或丧失,植株出现水分胁迫。因此,受涝后要尽量降低植株的失水量,并对植株进行根外供水。所采用的办法是,适当剪去部分叶片,尤其是新抽叶,进行土壤覆盖,保持土壤润湿,加快新根生长。涝害后,根茎受伤,易遭受病菌危害,可用1 500毫克/升的托布津、多菌灵等药液,淋洒蕉头土壤。涝害严重的成年植株,尤其是抽蕾后没有绿叶的植株可砍去,以加快吸芽生长。死株较多的蕉园,可考虑重植。

第五章　香蕉无公害高产优质实用技术与立体栽培模式

一、香蕉无公害高产优质实用技术

（一）春夏蕉无公害高产优质栽培实用技术

春夏蕉也称反季节蕉，是指仲春至初夏收获的香蕉，时间多在 3～5 月份，有时也为 2～6 月份。包括旧花蕉（雪蕉）和多数新花蕉。由于冬春温度较低，对香蕉生长与结果不利，产量较低，因此，称反季节蕉。在我国，3～5 月份是水果的淡季，故此时香蕉价格较高，也有利于香蕉的贮运，加上春夏蕉果实生长不在台风季节，少受风害，故目前海南省和粤西地区，福建和广西的部分地区，均以栽培春夏蕉为主。由于当前推广试管苗多为春植，第一造为春夏蕉，所以春夏蕉在我国香蕉生产上占有较大的比例。但反季节蕉虽然能避过风害，却常遇冷害。严重的冷害，如 1992～1993 年连续两年霜冻，毁坏了绝大多数蕉区的香蕉，使许多蕉农损失惨重，对香蕉生产造成了严重的影响。因此，反季节蕉只有在冬季较温暖的年份或地区，才能取得较好的效益。

1.选择园地

春夏蕉栽培管理的重点，在于避寒及在较冷天气下获得优质高产。故园地应选择冬季较暖和的地区或不易发生严重冷害的小气候区。其次是蕉园土壤要肥沃疏松，土层深厚，排灌方便。

2.采用良种

由于春夏蕉的株型较正造蕉矮小些，加上抽蕾挂果期受风害少,故可采用植株较高的良种。通常台风较多的地区采用中把蕉,少数用高把蕉;台风较轻的地方,可采用高把蕉,少数可用高干蕉。矮干品种在冬季经常出现抽蕾不正常,最好不用。

3.控制抽蕾期

香蕉抽蕾期对不良环境的抵抗力最差,控制抽蕾开花期对果实质量和产量关系重大。在珠江三角洲,应种植最佳抽蕾期是 9 月下旬至 10 月下旬的青皮仔,以及 2 月底至 3 月底抽蕾的尖嘴蕉。若在 11 月下旬至翌年 2 月上旬抽蕾,就易受冷害,蕉果质量和产量较差。海南及粤西地区冷害程度较低,但也会影响抽蕾和幼果生长。此地香蕉的最佳抽蕾期与珠江三角洲的相似。一般冬前偏早抽蕾的,果实质量较好,产量较高,但果实偏早采收,售价不高。另外,偏早抽蕾的植株,在台风季节已孕蕾,也较易受风害。

4.适时定植或留芽

春夏蕉一般在春夏定植。在珠江三角洲蕉区,香蕉多数在 3 月中下旬至 4 月中旬定植,而在海南等地可于 4~5 月份定植。宿根蕉留芽,则以早春抽生的红笋芽为合适。太早抽生的吸芽,要采用断根、折茎和去叶等办法抑制生长,也可采用台湾的"过桥"方法及高密度种植,延迟宿根蕉的抽蕾期。否则,第二造会变成价格较低的早雪蕉或正造尾。

5.合理密植

香蕉种植的疏密,可调节收获期。两年三造的要偏疏,一年一造的要偏密。在珠江三角洲,由于太阳辐射稍弱及冬季温度低,中把品种单株种植的密度通常为 1 800~2 000 株/公顷。而在海南、粤西蕉区,太阳辐射强,冬季温度稍高,中把品种单株植的密度,可为 2 250~2 550 株/公顷。

6.肥水管理

良好的肥水管理,可以部分弥补春夏蕉不良的气候条件。新植的春夏蕉,由于生长期短,生长旺盛期在雨季,故施肥次数要多,施肥量要大。通常苗期7~10天施肥一次,后期降水次数较少,植株较大,施肥量宜大,一般15~20天施肥一次。要重点施好秋肥。一年一造的宿根蕉,为防止太早抽蕾,春肥宜少。要施用迟效的农家肥,重施秋肥。还可以在花芽分化期,选用漳州信叶植物营养液有限公司生产的"信叶"植物营养液250~350倍液,进行土施或喷施,以促进植株生长。

水分管理方面,要特别注意防止秋季的涝害和旱害。因秋季植株处于孕蕾或抽蕾期,对水分十分敏感,必须保证此时水分适当,每周的降水量或灌水量以30~50毫米为宜。对于容易造成涝害的蕉园,一定要注意排水,切忌施重肥时渍水。冬季为果实发育期,每月降水量或灌水量以80~120毫米为宜,以保证土壤中有60%~70%的有效水。对早春抽蕾的春夏蕉,冬季处于孕蕾期,要看情况节制肥水,防止冬季抽蕾。

7.加强防寒措施

春夏蕉的防寒,除不让植株在低温的11月下旬至翌年2月上旬抽蕾外,还可采取一些措施减少冷害。这些措施有:土壤覆盖;霜冻夜晚灌水及熏烟;割去枯叶及无用的老叶,让更多的阳光照射茎干和土壤;果穗套袋,防止冷风冷雨直接吹打果穗,提高白天果穗的温度;施过冬肥及适当根外追肥,提高植株的耐寒力等。

春夏蕉栽培有三种方法:即一年一造法,两年三造法及年年新种法。通常以一年一造法为主,条件较好的可采用两年三造法。

一年一造法的特点是合理密植,采取措施推迟第二造的抽蕾期。留芽时,参见一年一造留芽法;施肥时,新植蕉采取勤施薄施春夏肥,重施秋肥,适当补施过冬肥的方法;水分管理要注意搞好夏排和秋冬灌。宿根蕉采取适当控制春夏肥,重施秋肥及适当补施过冬肥的方法,进行施肥管理。

两年三造的特点是疏植,每年留头路芽。施肥时,第一造勤施薄施春夏肥,重施秋冬肥;第二造重施春肥,第三造重施秋冬肥。

水分管理做到及时涝排旱灌。

年年新植法的特点,是采用干高品种,如高把品种或高干品种,合理密植,不留芽,肥水管理同一年一造法新植蕉。

(二)正造蕉无公害高产优质栽培实用技术

6~8月份抽蕾,8~11月份采收的蕉,称为正造蕉。其株型高大,果穗的梳数和果数多,产量高,果实质量也较好,但易受风害。这是20世纪80年代初期,全国各蕉区提倡的产蕉季节。由于收获时为高温季节,蕉果不耐贮运,收购价格较低,因而现在较少栽培。但对于春夏蕉效益较差的地区,或就地销售情况较好的避风地区,正造蕉是获取高产优质的有效途径。正造蕉以国庆节、中秋节前15~20天北运,7~10天前就地销蕉果,收购价格较高。

正造蕉一般在3~5月份,开始花芽分化。此期间由于气温适宜,雨水充沛,根系生长旺盛,故果穗的梳数和果数特别多。一般有10~12梳,多的达14~16梳。因此,株产很高,一般有25~35千克,高的达50~60千克,比雪蕉增产50%~100%。

1.选择良种

由于正造蕉株型较高大,挂果处于台风季节,为抗风起见,宜选用植株较矮的良种,以中矮把品种为主,配合中把品种。如广东香蕉1号、大矮蕉、广东香蕉2号和中把威廉斯等。如果无特别防风设施及避风条件,则不应种高把品种和高干品种。

2.适期定植与留芽

正造蕉由于冬季的生长较慢,生育期稍长,从定植或留芽出土至抽蕾,一般需11~12个月。果实生长期较短,65~80天即可收获。如拟于国庆节前10~20天采收,则要使植株在6月中下旬至7月上旬抽蕾,故应于6月份或7月初定植或留芽出土。在冬季较暖和或冷季较短的地区,定植或留芽可适当推迟。

3.肥水管理

正造蕉为夏秋植,初期肥料以勤施薄施为主。在秋冬季可施肥,但应以磷、钾肥为主,配合农家肥。春肥要重施,以农家肥为主,配合化肥,占总施肥量的 40% ~ 50%。春肥宜于大量生根前(2 ~ 3 月份)施下,每株施花生饼 1 千克或相当于该肥效的农家肥,加过磷酸钙 0.5 ~ 0.7 千克,尿素和氯化钾分别为 0.2 千克和 0.3 千克。4 ~ 6 月间,可追施氮肥和钾肥 2 ~ 3 次,每次为尿素 150 克、氯化钾 200 克。挂果后,可撒施壮果肥 2 ~ 3 次,每次每株为尿素 20 ~ 30 克、氯化钾 30 ~ 50 克或相当含量的复合肥。

挂果期正处雨季,土壤易渍水浸水,造成根系功能下降甚至烂根,使叶片早衰。因此,一定要注意排水。

4.植株的管理和保护

正造蕉的梳数与果数太多,会影响果实的长度、饱满度及果穗上下匀称度,故应适当疏果。一般每穗 8 ~ 10 梳,150 ~ 180 果已足够,多余的应予疏去。

正造蕉产量高,挂果期又在台风季节,故必须立防风柱,进行防风护果。

一些叶斑病严重的旧蕉区,必须注意雨季叶斑病的防治,保证挂果期有较多健康的绿叶。另外,果实易感黑星病和炭疽病,并易受花蓟马危害,也必须注意防治。由于挂果期温度高,阳光直射果穗,易造成灼伤,故果穗要注意遮荫和套袋,最好内套一般香蕉袋,外套纤维袋。

(三)大蕉无公害高产优质栽培实用技术

大蕉的抗逆性好,其抗寒、抗旱、抗涝、抗病和耐瘠性,在栽培蕉中为最好。在我国冬季冷害频繁,旱涝害也较多的情况下,大蕉的生产已引起了注意,出现了 20 ~ 30 公顷连片的大蕉园。目前,大蕉仅为就地销售,北运不受欢迎,产量、价格比不上香蕉。但大蕉的栽培较粗放,成本低,在冷害严重的年份香蕉歉收时,大蕉的效益也不错。大蕉的产量、质量和价格,均以春夏蕉为最高,故大蕉的栽培要以收获春夏蕉为主。

1.选用良种

大蕉的品种也较多。国内栽培品种以广东顺德中把大蕉最佳,其株型中等,干高 2.4~2.8 米,株产量为 20~25 千克,果型较大,品质较好。广东省农业科学院果树研究所外引的沙巴大蕉,干高 2.8~3.5 米,株产量为 20~25 千克,果指肥短,成熟时为深黄色,值得试种推广。另外,孟加拉粉大蕉、金山大蕉等高干大蕉,果形好,产量也较高,在风害轻的地区也可试种。

2.定植与留芽

大蕉的生育期比香蕉稍长,春植从定植至抽蕾通常为 8~10 个月,抽蕾后需 2.5~4 个月才能采收。植株生长至抽蕾的总叶数为 30~36 片。因大蕉以 10~12 月份抽蕾的包霜蕉和 2 月份至 3 月中旬抽蕾的鹤嘴蕉,产量最高,价格最好,故大蕉必须在早春栽植,留冬春抽生的吸芽。种植密度通常为 1 500~1 800 株/公顷。

3.肥水管理

大蕉对水分的要求不很高,但土壤中水分过多或过少对大蕉生长也不利。要优质高产,也需要有较好的排灌。

大蕉对养分的吸收比香蕉多,尤其是钾素需要更多。但由于大蕉的根系发达,吸肥能力强,生产上对大蕉的施肥量比香蕉少。为维持地力,保证大蕉生长迅速,获得优质果实及高产,必须强调对大蕉施肥。一般新植大蕉每株施氮肥 200~300 克,磷肥 100~150 克,钾肥 500~600 克。氮、磷肥于营养生长期和孕蕾期的施用量各占一半,钾肥的施量则于营养生长期、孕蕾期和幼果期各占 1/3。因大蕉抽蕾后对钾肥的吸收仍很多,故中后期施足钾肥可提高果实的糖分,减少酸度,使果实饱满。宿根大蕉的磷钾肥的施用量,为新植蕉的 50%~80%,主要于孕蕾期施用。

4.果实保护

大蕉果实过冬时遇霜冻会使果皮褐变粗糙,影响果实的外观。同时,果实受冷后也生长缓慢,产量低。故需适当护果。以前通常用稻草、干蕉叶束扎果穗,现多用香蕉袋套果。套果于断蕾后进行,但低温寒冷时可于花蕾下弯后即套花穗。断蕾后套袋前,可喷施植宝素和磷酸二氢钾等,以增长果指,提高果实质量及产量。

(四)粉蕉无公害高产优质栽培实用技术

粉蕉的植株高大粗壮,抗寒性、抗旱性及抗涝性仅次于大蕉,但抗风性稍差。一般正造蕉的产量较高,质量较好;其次为新花蕉;而雪蕉的产量较低。粉蕉主要为就地销售,价格以 3~10 月份较高,其中 4~6 月份最高。由于它易感巴拿马枯萎病,且效益也不高,目前我国呈零星小面积栽培。

1.选用良种

我国粉蕉品种不多,栽培上主要有两个品系:一是小果型,一是大果型。以大果型的株产较高,一般为 20~25 千克,高产的达 30~40 千克。

2.选地与选苗

粉蕉易感巴拿马枯萎病,水位高、土壤酸性、排水不良时,易致该病的发生及传播。故粉蕉一定要选土壤疏松、排水良好、地下水位低的中性土壤来种植。因其抗旱性好,故以旱地种植为佳。整地时宜起畦,一行一畦的整地种植法为好。种苗需选用无巴拿马枯萎病的吸芽苗或试管苗。

3.定植与留芽

粉蕉的生育期比香蕉长 2~3 个月。粉蕉一般进行春植或秋植。春植收夏蕉,秋植收春夏蕉。宿根蕉留芽,一般留秋冬抽生的吸芽,早秋和早春抽生的吸芽也可以留,只要配合相应的控生和促长措施即可。粉蕉的植株较大,种植密度宜小,一般为 1 200~

1 500株/公顷。一株留一芽继代,多余的吸芽应予除去。

4.肥水管理

粉蕉的根系较发达,粗生,故水分管理较粗放,只要不浸水即可。土壤排水极为重要,干旱时,有条件灌水当然更好。粉蕉对养分吸收也较多,而粉蕉常种于旱瘦山坡地,因此,施肥量高才能获高产优质,并缩短生育期。一般新植蕉每株施氮肥300～350克,磷肥100～200克,钾肥600～800克,施肥宜重施春肥(基肥)和孕蕾肥,幼果期也可适量施钾肥。另外,要经常施适量的熟石灰调节土壤酸碱度。粉蕉的施肥要少伤根或不伤根,以免诱发巴拿马枯萎病,而且应适当远离蕉头。

5.病虫害防治

粉蕉易感巴拿马枯萎病及卷叶虫、象鼻虫等,应注意及时防治。秋冬抽蕾的果实,也要套袋防寒。

(五)龙牙蕉无公害高产优质栽培实用技术

龙牙蕉抗逆性比粉蕉差,也易感巴拿马枯萎病,生育期比香蕉长1～2个月。果实成熟时易裂果,易脱梳,产量也不高,故目前较少栽培。但龙牙蕉果实在高温下成熟呈金黄色,固形物含量高,果肉质地好,有特殊风味,品质好,颇受消费者欢迎。

1.选择良种

龙牙蕉有小果型和大果型两个品系。小果型植株较矮小,株产低,果指小,单果重50～60克,但品质好。大果型的植株粗壮高大,株产高,果指比较长大,单果重可达100～120克,但品质稍差。生产上以大果型的为较好。

2.选地与选苗

龙牙蕉的选地和整地,与粉蕉的相似。宜选地下水位低,排水良好,土壤肥沃中性的旱田新蕉区,起畦种植,一畦一行,或与高把香芽蕉隔株间种混种。种苗要用无病的吸芽苗或试管苗。

3.定植与留芽

龙牙蕉一般以 5～6 月份定植或留芽为好,于翌年 5～6 月份抽蕾,9～10 月份采收,产量高,质量好,价格高。种植或留芽密度以 1 800～2 000 株/公顷为宜。一般 2～3 造即要轮作。

4.肥水管理

龙牙蕉的耐旱性比香蕉强,但比粉蕉弱,故旱期尤其是抽蕾期前后要灌水。但雨水过多、土壤渍水时易诱发巴拿马枯萎病,故要注意排水。施肥量通常每株为氮肥 250～300 克,磷肥 150～200 克,钾肥 500～600 克。前期勤施薄施,中期(春肥)重施,后期补施少量钾肥。施肥应尽量减少伤根,以撒施、远离蕉头的穴施为好。

5.植株与果实的保护

由于龙牙蕉植株较瘦高,挂果时植株稍弯斜,抗风性较差,加上挂果期又在台风季节,故抽蕾后必须给植株立防风柱。

龙牙蕉除易感巴拿马枯萎病外,也易受象鼻虫、卷叶虫危害,果实也易感黑星病和炭疽病。对于这些病虫害,都要及时防治。

(六)香蕉试管苗无公害高产
优质栽培实用技术

香蕉试管苗,通常具有无病虫害、生长一致和便于运输等优点,有利于良种的大面积推广。它是目前及今后香蕉栽培普遍采用的种苗类型。但试管苗苗期较嫩弱,抗性差,易感花叶心腐病或受其它病虫的危害,遇到不良天气,种植易伤苗或死苗,生长期也较长,在组培过程易产生变异,而且大部分变异在定植时仍难辨认出来。这些不足方面,是选择组培苗时需要加以考虑的。

1.整地与培土

试管苗容易露头,又不宜深种,整地时最好留出足够的土壤供以后培土用。水田蕉园宜用三级整畦法,即畦中略高于植穴行 10～15 厘米。随着试管苗的长大,施肥时将畦中的土培向植穴,防止露头。用旱田栽培时,畦沟暂可浅些,以后可不断挖深畦沟,向植株培土。

2.种 植

当试管苗有 6 ~ 8 片叶(包括瓶苗 3 叶)时即可种植。一般以春植为好。春植要选暖和的无北风天气。夏、秋植以选阴天下午种植为好。定植前,要炼苗,让苗适应自然气候。定植时,打开育苗袋要小心,不能弄松袋土,否则会影响成活率及植株的生长。

3.施 肥

试管苗初期极不耐肥,施基肥的一定要深施,绝不能让根系触及肥土。农家肥要腐熟并深施于 30 厘米以下或施于 60 ~ 80 厘米以外。雨天可清种,定植后抽新叶时再追肥。种后两个月内,旱天可用 0.1% ~ 0.2% 的复合肥或磷酸二氢钾液淋苗,每株用肥液 1 ~ 2 千克。雨天可将 10 克左右尿素或复合肥撒于离苗 15 ~ 20 厘米处。每 7 ~ 10 天施、淋肥一次,有条件的可配喷营养肥,如磷酸二氢钾、有机肥液、叶面宝和绿旺系列肥等。随着植株的长大,淋肥或施肥的分量可大些。中期施肥量宜大,15 ~ 20 天施一次,后期可 25 ~ 30 天施一次。春植试管苗须加强肥水管理,才能赶在 10 月份抽蕾后过冬。

4.水分管理

试管苗初期需水量较少,但不能干旱和土壤渍水。干旱时,应及时淋水,高温期种植的可配合植穴覆盖。雨季种植的,一定要注意土壤排水,偏黏的土壤可扒开植穴 30 ~ 40 厘米外的土壤,让植穴稍凸起 5 ~ 10 厘米,防止植穴渍水而烂根或伤根。

5.加强病虫害防治

在花叶心腐病疫区,要注意该病的防治,包括采用抗性较好的老壮试管苗,及时清除田间杂草,不间种病毒寄主作物,定期喷防病毒药剂(参见花叶心腐病的防治)。试管苗苗期也极易被斜纹夜蛾幼虫等害虫咬食。雨季时,一些沿海旧蕉区由于试管苗叶片较贴近地面,易得叶斑病,故均应注意喷药防治。

6.及时清除变异株

苗圃期的变异株,如叶白条斑、花叶、畸形叶、特矮壮的苗,较易认出并剔除。此外,还有两种变异较多且初期难以辨认的变异株,通常要定植后 2～4 个月、15～20 叶龄以上时,才可细心认出。一种是矮化型,植株矮粗,叶片矮阔,稍厚,较浓绿,稍反卷向下;叶柄短,较贴近假茎;假茎较粗壮矮化。另一种是叶片异常,主要症状是叶片较直立,叶缘全部或局部皱缩,叶面有不规则或波浪状黑色或蜡质斑迹,有些伴有不规则透明斑迹,有些植株叶序不正常。上述两种主要变异株,均可抽蕾挂果,但产量极低,质量差,多数无经济价值,必须尽早发现并挖除,及早补种。按规定,一般允许有 5% 的变异株,但有的蕉园达 10%～20%,尤其是购买选剩的次苗时,变异株更多。通常应多购 10% 的种苗,用 15 厘米×15 厘米×15 厘米的大袋保护好,或直接在田头假植起来,以备剔除病株及变异株、死株后补种用。

7.除 芽

试管苗种植的植株,较早抽生吸芽,数量多但较弱小。由于留芽确定较迟,这些早抽生的吸芽要及早除去,可用特制锋利的蕉锹或镰刀,在芽高 15～30 厘米时将其除去。

二、蕉园立体栽培模式

在长期的生产实践中,广大蕉农总结传统的栽培经验,利用种植初期植株间隙大、根系浅的优势,充分利用空间,实行间作、套种和立体种养,尽量提高土地生产率和经济效益。

蕉园间作套种,在闽南地区到处可见。秋、冬季及早春,香蕉植株生长缓慢,抓住这段有利时机,在蕉园空地套种花生、黄豆、叶菜类蔬菜或绿肥等矮秆作物,既可以提高土地利用率,增加收入,又可以增加有机质肥料,改良土壤,提高地力。

香蕉园立体种养,是在传统栽培技术的基础上,运用生态学的原理,实行立体种植和养殖,实现良性循环,成倍以至几十倍提高经济效益。目前蕉区主要有如下几种立体种养的方式:

一是以渔业为主。即池塘岸上种植香蕉,饲养畜禽,池中养鱼,以渔兼种牧。

二是以稻为主。即在水田中每隔 3 ~ 5 米挖一沟,深、宽各 1 米,保持 0.5 米深的水层,沟中养罗非鱼,田中插秧,埂上种蕉,还可以实行稻、蕉轮作。

三是以蕉为主。即在原来的香蕉园中,将畦扩大,挖深,放养淡水鱼,畦上种蕉,这种模式在平原、低洼蕉园效果特别好,受到台湾香蕉研究所专家的高度赞扬。

四是以蕉、草为主,建立草—蕉—牧的生态果园。近年来,蕉区农民在山坡蕉园套种引进的优良牧草,割草饲养奶牛、鹅和羊等,产值比单种香蕉增长几倍。

此外,还有蕉园栽培食用菌、放养田螺等,效益也十分可观。

我国蕉园高产高效的立体栽培模式,主要有以下四种:

(一)蕉、菜、鱼、禽立体种养

近年来,果农大面积推广香蕉园养鱼、养禽、种菜等立体农业,成绩显著,收入比单纯种香蕉提高 2 ~ 3 倍。其主要技术如下:

1.选地建园

选择土层深厚、土质良好、背风向阳、水源充足和排灌方便的地块,建立蕉园,以利种蕉和养鱼。开沟深度为 1.5 米左右,低洼地可适当增加深度。将沟土培于畦面,畦沟采用宽窄行或等边三角形形式。前者采用开沟宽 3 米、沟底为 2 米、畦面宽 2 米、底面宽 3 米、沟基坡度为 1:0.4 的畦沟结构。后者畦面宽 4 米,沟面宽 3 米,并在园的四周开宽 0.8 ~ 1 米、深 1 米的排灌水沟,与园内畦沟和水源相通。

2.香蕉定植

畦上种双行香蕉,行株距为 2 米,相互错开,成三角形种植。每 667 平方米种 100 株。定植前挖穴,每穴施基肥火烧土 25 千克。蕉苗定植成活后,进行正常管理。

3.间种蔬菜

在幼龄期香蕉的行间,种 2 行包菜,每 667 平方米种 1 500 株,间作的包菜不宜太靠近香蕉,距离 50 厘米左右。

4.沟内蓄水

一般沟内经常保持深 60~80 厘米的水层。如天气干旱,相对湿度低于 75% 时,水位要提高 10~20 厘米,以改善香蕉根部供水条件。在雨季,水位要适当降低,以保持在 60 厘米为宜。水层不能过浅,水体溶氧量不得低于 2 毫克/升,pH 值为 7 左右。

香蕉园搞立体种养,通过沟内水层调节,可保证在高温情况下,叶片不凋萎,在低温期间生长不停止。香蕉幼株生长快,平均 5 天即可抽生一片叶。而大田要 6.5 天左右才抽生一片叶,其香蕉吐蕾时间也比大田香蕉提早 3 个多月。

5.养　鱼

香蕉园沟可放养鱼苗,以罗非鱼为主,混放鲢、草、鲤鱼,每 667 平方米放养 1 300 尾,其中罗非鱼占 70% 左右。投放鱼苗前,先在水中施入少量人粪尿、过磷酸钙和碳酸铵,使池水在阳光照射下繁衍浮游生物。鱼苗放养后,逐渐增加饵料。人工饵料以麸皮、米糠、豆饼及发酵的鸡鸭粪等为好。还可以养殖青虾,每公顷以放 60 万~75 万尾虾苗为宜,可产成虾 750 千克左右。

6.养　禽

选蕉园适当位置,在浅沟上搭盖简易鸡、鸭舍,视饲养头数确定禽舍大小,一般高 1~1.2 米,宽 3 米,每公顷建 10 座,可养 1 500 只。实行放养与圈养相结合,鸡、鸭主要取食蕉园的昆虫和杂草,配以饲料。而禽粪直接排入沟中,作为鱼的饵料。

畦上种蕉,蕉间套种蔬菜,沟中放鱼,岸上养禽,蕉、菜、鱼、禽相配合的立体农业结构,能取得较高的经济效益和社会效益。

(二)塘基式立体种养

南方一带,低洼地内涝为患,农民利用低洼地挖掘池塘,池中养鱼,塘基斜坡种草种菜,塘基上面种香蕉。每年利用挖起的塘泥,培覆香蕉,夏季利用蕉株叶茂为池塘遮荫,改善鱼类生活环境,塘坡种草,用草养鱼。其主要技术如下:

1. 挖 塘

池塘大小视地形而定。在可能情况下,每口塘面积以 0.47 ~ 0.67 公顷为宜。池深以能保持灌水 2 米左右为好。鱼塘以东西向的长方形较好。

2. 放 鱼

应根据鱼塘的具体情况、饲养管理技术水平、饲料供应及劳力等条件,来确定放鱼数量。以草鱼、鲢、鳙及罗非鱼混养为好。每年捕光鱼后,要放水清池一次,每 667 平方米施生石灰 25 ~ 50 千克,把塘水 pH 值调整到 7 ~ 8.5。要施足基肥,每 667 平方米施人、畜粪便或绿肥 250 ~ 500 千克。养鱼要投足饲料,初期应投放精饲料、幼草和小浮萍,后期要投足青草,粗、精饲料相搭配,满足鱼类生长发育的需要。要注意防治塘鱼病虫害,做到早防早治。要轮捕轮放,捕大留小,注意保持适当的鱼苗密度。

3. 香蕉种植

塘基种植香蕉,春夏两季塘水高涨,香蕉容易受涝;秋、冬干旱,水位下降,香蕉则易受旱;香蕉植株高大,易遭风害。因此,要掌握好种植季节,加强栽培管理。

(1)定植时间 一般于 4 月下旬种植,翌年 3 月份抽蕾,7 月份即可收蕉。如果利用大吸芽移植,可选 2 米以下无病健壮的吸芽,在2~3月份栽植成活率高。如果肥水管理好,当年9月便可抽蕾。在种植香蕉的同时,其边坡种植牧草。

(2)合理密植　因池塘四周通风透气性良好,所种香蕉的株行距可以为1.3米×2米,每公顷塘基约种3 750株。

(3)控制水位　池塘水面距离蕉头约1米,干旱时,蕉园每7天喷水一次,以保持蕉园空气和土壤的湿润。冬季要注意培土、喷水、防病害,以保叶过冬。

(三)蕉稻套种或轮作

为了多打粮食,新植蕉园可以在早稻插秧后同时套种组培香蕉苗。组培苗的定植时间,应根据台风发生季节和霜冻期,进行科学安排。以谷雨定植为最佳。这时种植的香蕉,俗称"冬蕉"。定植方法为浅栽,同时插树叶以遮荫。香蕉定植一个月内,不施任何肥料。密植度一般为每公顷2 250~3 000株。

试管苗定植一个月内,需要高湿度、弱光照的特殊护理。借用水稻田里的生态环境,弥补试管苗弱点,水旱轮作,可减少病虫害,多收一季水稻。

早稻插秧后,同时套种试管苗,以干土筑燕窝式小土坑,离水面5厘米,坑内不施基肥。约一个月后,可与水稻同样施肥喷药,雨天及时排水防浸。水稻收割后,整畦补施基肥。生长期的施肥比例为氮:钾＝2:1;生殖期则为氮:钾＝1:2~3。施肥原则为勤施、薄施,以水调肥,严防太浓伤根,防止雨天干施。

如不与水稻套种,组培苗应先集中在小区假植,待叶片出现紫色斑后再定植于大田。在台风季节,试管苗长成的香蕉高度为1.5米,尚未进行花芽分化,如能控制假茎高度,可大大减轻台风危害。要设立防风柱,以辅助防风。

7月下旬后,台风次数相对增加。待香蕉长出15~17片叶时,要抢施重肥,直至抽蕾,集中施入全年用肥量的70%。在肥水供应充足情况下,组培苗每月可长 7~8 片叶,这是吸芽苗无法达到的。一般试管苗长到 32~34 片叶时即可抽蕾。

香蕉根系发达,在近地面 10~30 厘米深的土层中,水平根伸展幅度可达 1~3 米,根系垂直向下生长,深度可超过 1~1.5 米。香蕉叶片宽大,生长迅速,需要大量的水分,但其需水量也因生长期不同而异,以生长旺盛期需水较多。一般情况下,要求土壤中有适当的水分,以满足生长的需要。因此,建园时地下水位高的蕉园,应深挖四周的环沟及中间的十字沟,环沟要求深度达 1~1.5 米,十字沟的深度为 0.5~1 米,以便灌水或排水。有条件的蕉园,应安装喷灌机具,以利于均匀灌溉和保持土壤的疏松通气状态。山地蕉园,在修整排水沟时,可在沟内分段挖掘小蓄水坑贮水,使之渗入梯级土层中,提高抗旱能力。如果久雨不晴,则应及时排水防渍。

(四)蕉、草、菌、牧立体种养

海拔 500 米以下的低山丘陵和平地,可实行蕉园套种牧草,以草饲牛、羊、鹅,以畜禽粪便肥蕉,形成"香蕉-牧草-畜禽"循环利用,优势互补,达到经济、社会、生态效益三统一。

1. 香蕉园套种牧草

(1)整地 用拖拉机耕松土壤表层,然后整畦开沟。香蕉地畦宽 3 米,沟深 0.5 米,沟面宽 0.8 米;牧草地畦宽 3 米,中间隔离行宽 1~1.5 米。

(2)种植 先种香蕉后种牧草。香蕉株距为 2 米,行距为 2.5 米。香蕉于 3~4 月份栽植,每公顷种 1200~1500 株。牧草于 4~5 月份播种,采用撒播方式。卡松古鲁狗尾草每 667 平方米播种 0.5~1 千克,宽叶雀稗每 667 平方米播种 1~1.25 千克。或用宽叶雀稗与豆科格拉姆柱花草,按 1:1 的比例混播,以提高产草量。

(3)施肥 香蕉在种植前,每株施基肥的量为:蘑菇土或垃圾土 50 千克,混合加入钙镁磷、石灰各 0.5 千克。以后的追肥、治虫和除草,均参照香蕉田间管理进行。牧草施肥量为每 667 平方米撒施基肥蘑菇土 400~500 千克加钙镁磷 10 千克,渗入少量石灰。以后每割一次草,每公顷追施复合肥或尿素 150 千克。

2.香蕉、龙眼、牧草套种

这种套种方式的作物以龙眼为主。在龙眼幼龄期,利用空间套种香蕉和牧草,以短养长,提高经济效益。

(1)整地 耕松土地,每畦按 6 米宽整平,挖龙眼穴,穴面×穴底×深度的规格,为 1 米×0.8 米×0.8 米,株行距为 6 米×6 米。中间留 2 米通道。香蕉畦宽 2.5 米,株行距为 2 米×2 米,在龙眼畦里套种牧草。

(2)定植 龙眼定植前要施基肥,每穴施蘑菇土或垃圾土 50 千克,钙镁磷和石灰各 0.5 千克,然后回填表土。几天后定植龙眼苗。香蕉每株施基肥(蘑菇土)50 千克加过磷酸钙、石灰各 0.5 千克;每 667 平方米牧草用蘑菇土 500 千克,石灰 50 千克,加钙镁磷 10 千克,进行拌种撒播。

(3)种植时间 龙眼于 3~4 月份定植,每公顷种 195~225 株;春蕉于 3~4 月份种植,每公顷种 1 200 株左右,先种龙眼,后种香蕉。4~5 月份,再播种牧草,每公顷播种卡松古鲁狗尾草种子 7.5~9 千克;宽叶雀稗种子 18.75~22.5 千克;格拉姆柱花草种子 9~11.25 千克。

每割一次牧草,要追施一遍肥。每 667 平方米施尿素或复合肥 10 千克。奶牛或鹅的饲养均可以牧草为主,搭配精饲料或粗饲料。牧草长得快,奶牛产奶多,经济效益好。

3.套栽平菇

利用香蕉茎叶在香蕉园套栽平菇,产菇量为 10~12 千克/平方米,成本为 8~10 元/平方米,获利 20~26 元/平方米,667 平方米香蕉园可利用 300 平方米,这样每 667 平方米可获利 6 000~

7 000元。可见利用香蕉园栽培平菇可获得较高的利润。

(1)培养料的配制

①**配方** 香蕉茎叶50%,牛粪20%,稻草25%,尿素0.2%,石膏1%,过磷酸钙0.5%,石灰粉2.3%。

②**制作** 将稻草及香蕉茎叶砍断破碎,用3%~5%的石灰水浸泡16~24小时后,捞起沥干水建堆。建堆前一天将牛粪干捣碎,预湿,与石膏、尿素、过磷酸钙及石灰粉混合均匀。

③**建堆** 在靠近蕉园找一块地来建堆。先在地上撒石灰粉,然后在上面铺放一层预湿过的稻草和香蕉茎叶,厚约10~20厘米,宽1.2~2.0米,长8~10米或更长。具体规格视场地及材料的多少而定。再往稻草香蕉茎叶上撒放调湿的牛粪,以盖满稻草香蕉茎叶为度。其上再铺放一层稻草香蕉茎叶,厚度要求与第一层相同,随后再撒放一层牛粪。这样一层稻草、香蕉茎叶,一层牛粪地堆叠上去,直到堆高1.8米左右后,顶层用牛粪全面覆盖,堆体即建完毕。在堆体中插一支长柄温度计,以便观察堆温的升降情况。晴天要覆盖蕉叶遮荫,以免培养料过干;雨天要覆盖塑料薄膜,防水渗入堆料;雨后要及时揭膜透气。

④**翻堆** 建堆后,随着时间的推移,微生物降解,使料堆更加沉实。堆温一旦开始下降,就得进行翻堆,使堆料中的微生物重新获得氧气。翻堆要进行3~4次,每次都要在堆温下降时施行。翻堆的目的,是改变堆肥中各发酵小区的理化性质,使之都能均匀地在有氧状态下充分发酵。每次翻堆的时间间隔为5~7天(以堆温开始下降翻堆为度)。

(2)季节安排及场地选择 在闽南漳州地区,大多数香蕉是年初2~3月份种植,至第二年的1~2月份采收尽。堆料就在香蕉收割完毕后利用香蕉茎叶来做原料。建堆时间定于2~3月份。场地要选择靠近水源的香蕉园,在香蕉行中间挖水沟做畦,栽培床宽1.1米,沟旁用泥土做成高25厘米、宽20厘米的拦坝。

(3)栽培技术

①**铺料** 栽培畦在铺料前一天,喷一次0.3%浓度的敌敌畏药液,在畦地撒一层石灰粉,然后将适熟的培养料铺入畦床内。铺料时应注意,培养料的含水量应掌握在60%,pH值为6.5~7.0;料内不能有刺鼻的氨气;料温是否已回升至30℃以上(注意料不能偏生);厚度应掌握在6~18厘米。

②**播种** 采用木屑菌种或麦粒菌种。一般木屑菌种1.5千克或麦粒菌种1.0千克,可播种1平方米。播种时,先将总量的2/3播于料面,再用手指将料面搔抓一两下,让菌种沉入料里面(沉入料内1/3或1/2)。将剩下的菌种全部撒于料面上,然后用清洁的木板将料面拍平,盖上报纸或编织袋,或发酵后的牛粪粉,在报纸等覆盖物外面,用竹片做成弓形(两头扎入土里),每1.5米扎一片,再盖上黑色塑料薄膜,薄膜边缘用泥块压实,以防被风吹掉。

③**菌丝培养** 播种后24小时,即可长出白色绒毛状菌丝。播种后3~4天,应在每天中午于畦的两头,将薄膜揭开,换气60~90分钟。10~15天后,菌丝进入培养料吸取养分时,应加大通风量,把畦两头的薄膜都揭开。20~25天后,菌丝基本长满培养料。

④**出菇管理** 第一潮菇:播种后30天,子实体原基就开始形成。此时不必喷水,可去除料面上的覆盖物,让子实体自然长大。小环境空间相对湿度应为90%~95%。当平菇菌盖边缘由内卷转向展开时,即可采收。第一潮菇采收后,第二潮菇原基形成时,因薄膜的密封性能好,水蒸发到薄膜上会自动掉下来损伤子实体原基。此时,应揭开畦两头薄膜,使畦纵向两侧的薄膜揭开一半,必要时应全部揭开,待子实体长至3厘米大时才喷水。第二潮菇采完毕后应覆土,厚度为2.5~3.0厘米。覆土后的管理,与第一潮菇相同,产量与第一、第二潮菇相比不会少。

第六章 香蕉病虫害的无公害防治

一、香蕉病虫害无公害防治概述

(一)防治原则

贯彻"预防为主,综合防治"的植保方针,以改善蕉园生态环境,加强栽培管理为基础,综合应用各种防治措施,优先采用农业防治、生物防治和物理防治措施,配合使用高效、低毒、低残留农药,不用高毒、高残留的化学农药,保证香蕉质量符合国家农业行业标准 NY 5021 – 2001(附录一)的规定。

(二)农业防治

第一,因地制宜地选用抗病虫能力强的优良品种。

第二,加强土、肥、水管理,使植株苗壮生长,提高抗病虫能力。

第三,实行水旱轮作(如与水稻或莲藕等轮作),或与香蕉亲缘关系较远的作物如甘蔗、花生等轮作的制度,以减少病源虫源。但不得与蔬菜轮作。

第四,控制杂草生长,并保持蕉园田间卫生。

第五,及时清除园内患花叶心腐病或束顶病的香蕉病株。在清除之前,宜先对病株喷一次杀蚜剂。

(三)物理机械防治

第一,使用诱虫灯诱杀夜间活动的昆虫。

第二,利用黄色板、蓝色板和白色板等诱杀害虫。

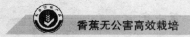
第三,采用果实套袋技术防止病虫直接危害果穗。

(四)生物防治

第一,优先使用微生物源、植物源生物农药。

第二,选用对捕食螨和食螨瓢虫等天敌杀伤力小的杀虫剂。

第三,人工释放捕食螨等天敌。

(五)农药使用准则

1.使用高效、低毒、低残留农药

防治香蕉病虫害,宜使用植物源杀虫剂、微生物源杀虫杀菌剂、昆虫生长调节剂、矿物源杀虫杀菌剂以及低毒、低残留农药。主要有以下几类:

(1) 杀虫剂 如浏阳霉素、伏虫隆、敌百虫、多虫清、鱼藤酮、苏云金杆菌、除虫菊、苦参碱、印楝素、灭幼脲、除虫脲、吡虫啉、辛硫磷、克螨特和噻螨酮等。

(2) 杀菌剂 如敌力脱、菌毒清、农抗120、氢氧化铜、王铜、波尔多液、代森锰锌、多菌灵、百菌清、灭病威、施保功、施保克、溴菌腈、三唑酮、噻菌灵、异菌脲和甲基托布津等。

(3) 除草剂 如草甘膦和百草枯等。

(4) 植物生长调节剂 赤霉素、6-苄基嘌呤等。

2.限用中等毒性有机农药

毒死蜱、杀螟丹、乐果、抗蚜威、氰戊菊酯、氯氰菊酯、顺式氯氰菊酯、溴氰菊酯、敌敌畏、氯氟氰菊酯、甲氰菊酯、速螨酮、米乐尔和杀虫双等有机农药,具有中等毒性,要限制使用。

3.不使用未经许可生产的农药

不应使用未经国家有关部门登记和许可生产的农药。

4. 不使用禁用农药

不应使用剧毒、高毒和高残留或具有"三致"的国家禁止使用的农药(表 6-2)。

5.严格执行国家规定的农药使用准则

参照 GB 4285、GB/T 8321 中有关的农药使用准则和规定,严格掌握施用剂量、每季使用次数、施药方法和安全间隔期。对标准中未规定的农药,应严格按照该农药说明书中的规定进行使用,不得随意加大剂量和浓度。对限制使用的中等毒性农药,应针对不同病虫害防治对象,使用其浓度允许范围中的下限。

6.注意交替使用农药

在香蕉生产中,提倡将不同类型农药交替使用,以防止病原体和害虫产生抗药性,提高防治效果。

7.不断提高施药技术

掌握病虫害的发生规律和不同农药的持效期,选择合适的农药种类、最佳防治时期和高效施药技术,达到最佳效果。同时了解农药毒性,使用选择性农药,减少对人、畜、天敌的毒害,以及对产品和环境的污染。

8.严格掌握用药安全间隔期

对限制使用的农药,其最后一次用药至香蕉采收的间隔期,应在 30 天以上;允许使用的农药,其最后一次用药至香蕉采收的间隔期,应在 25 天以上。

二、病害防治

香蕉病害,主要有香蕉叶斑病、束顶病、花叶心腐病、枯萎病、黑星病、炭疽病和根线虫病等,其防治方法见表 6-3。

(一)香蕉叶斑病

香蕉叶斑病,早在 20 世纪 30 年代初期已在中美洲和南太平洋地区普遍发生。70 年代,我国的台湾、广东、海南等蕉区亦普遍发现。该病主要危害叶片,引起蕉叶干枯,明显减少叶片的光合作用面积,导致植株早衰,影响果实生长,可减产 30% ~ 50%。此外,病株的果实品质欠佳,不耐贮藏,容易腐烂。常见的有褐缘灰斑病、灰纹病和煤纹病三种。

【症　状】　常见三种叶斑病的症状,如表 6-1 所示。

表 6-1　香蕉叶斑病症状及危害

项　目	病原菌	症状及危害
褐缘灰斑病(黄叶斑病)	香蕉尾孢菌	叶片上出现长椭圆形褐色病斑,较小,分散。病斑初时见于叶背,分生孢子座也常见于叶背。主要危害香蕉和大蕉
灰纹病(暗双孢霉叶斑病)	香蕉暗双孢霉	病斑常见于叶缘,圆形或近圆形,较小,后期汇合成大斑,叶缘呈波浪纹干枯。常见危害香蕉
煤纹病	簇生长蠕孢菌	病斑多见于叶缘,短椭圆形,几个叶斑相连形成一个大叶斑,有明显轮纹。先发生于老叶,蔓延到上部嫩叶,病斑背面的霉状物色泽深

【病　原】　褐缘灰斑病的病原菌(*Cercospora musae* Zimm.)是一种真菌,称为香蕉尾孢菌。分生孢子梗褐色,丛生。分生孢子棍棒状,无色,有分膈。灰纹病病原菌[*Cordana musae* (Zimm.) Hohn.]是一种真菌,称为香蕉暗双胞菌。分生孢子梗褐色,有分膈,分生孢子双胞或单胞,无色,短西瓜子形。煤纹病病原菌[*Helminthosporium forulosum* (Syd.) Ashby]是一种真菌,称为簇生长蠕孢菌。分生孢子淡墨绿色,有 3 ~ 12 个分膈。分生孢子梗褐色。

【发病规律】　病菌主要以菌丝在寄主病斑或病株残体上越冬。叶斑病的初侵染源来自田间病叶。春季,越冬的病原菌产生大量分生孢子,随风雨传播。每年 4 ~ 5 月份初见发病,6 ~ 7 月份高温多雨季节病害盛发,9月份后病情加重,枯死的叶片骤增。发病严重程度与当年的降雨量、雾露天数关系密切;种植密度过大,偏施氮肥,排水不良的蕉园,发病严重;矮秆品种的抗病性较差。

【防治方法】

①每年立春前清除蕉园的病叶和枯叶,并予烧毁,减少初侵染源。在香蕉生长期最好每月清除病叶一次。

②控制种植密度。矮把品种为3 000株/公顷,中把品种为2 250株/公顷,高把品种为1 800株/公顷。

③多施钾肥和磷肥,不偏施氮肥;雨季及时排水,降低蕉园小环境的湿度。

④喷药防治。现蕾前一个月起,选用25%敌力脱乳油1 000～1 500倍液,或40%灭病威胶悬剂400～800倍液,或50%多菌灵可湿性粉剂800倍液,或70%甲基托布津可湿性粉剂800倍液,或77%氢氧化铜可湿性粉剂1 000～1 200倍液,或75%百菌清可湿性粉剂800～1 000倍液,作全株喷雾,每隔20～30天喷一次,共喷3～5次。要注意交替用药,以防止病菌产生抗药性。

新近研究表明,10%新多氧霉素1 000～1 500倍液,每667平方米的用药液量为70千克,使用间隔期为7～10天,连续使用三次以上,效果良好。25%施立脱乳油防效与25%敌力脱相同,可用此药替代防治香蕉叶斑病。每隔20天喷施25%施立脱乳油1 500～2 000倍液一次,连续喷三次,效果最好。

(二)香蕉束顶病

香蕉束顶病,是香蕉的毁灭性病害。该病在台湾、广东、广西、福建和云南等省、自治区普遍蔓延。广东省田间的病株率一般在5%～10%,部分发病严重的蕉园达20%～40%。感病植株矮缩,不开花结蕾;在现蕾期感病的植株,果少而小,没有商品价值。

【症　状】　该病的主要症状,是植株矮化,新生叶一叶比一叶窄、短、硬、直,病叶质脆且成束状,叶脉上有断续、长短不一的浓绿色或黑色条纹。病株分蘖、丛生。根头变为红紫色,根系腐烂或变为紫色,难发新根。病株常不抽蕾开花。若在抽蕾期发病,可结实,但果实少而小,而且味淡。无经济价值。

【病　原】　该病病原为香蕉束顶病毒(Banana bunchy top virus)。属黄矮病毒组。该组病毒粒体为球状。病毒主要借带病吸芽和香蕉交脉蚜传播,汁液持毒能力达 13 天。该病毒为半持久性。机械摩擦、土壤接触均不能传毒。

【发病规律】　香蕉新植区的初侵染源来自带毒种苗,老蕉区来自病株及其吸芽。该病远距离传播主要靠带毒吸芽实现,近距离传播靠香蕉交脉蚜实现。因此,发病高峰期和媒介昆虫的发生规律有密切关系。在广东蕉园,10 月份交脉蚜的种群数量逐渐回升,到翌年 1～2 月份达到高峰,4～5 月份则为束顶病的发生高峰期。该病的潜育期为 1～3 个月。除香蕉之外,交脉蚜的寄主还有芋头、姜花、蕉麻和蛇尾蕉属的植物。在现有的香蕉栽培品种中,目前还未见抗病品种。

【防治方法】

①加强对香蕉种苗及组培苗的检疫。田间选取的组培吸芽,应严格遵守检疫程序。第一代组培苗要送交有关部门进行生物和血清测定,确定不带毒之后才准繁殖。带毒苗则应及时销毁。

②苗圃应设置在方圆 2～3 千米内无蕉园的地方,以防带毒蚜虫传病,必要时可在苗圃四周加设 60 目的防虫网。

③重病区全部改种无病毒组培苗是根治本病的最好方法。零星发病的蕉园,应定期检查并尽快挖除病株,开穴暴晒半个月后再行补种无病毒组培苗。

④袋苗每 10 天喷一次 40%乐果乳油 1 000～1 500 倍液,或 5%鱼藤酮乳油 1 000～1 500 倍液,或 50%抗蚜威可湿性粉剂 1 000～1 200 倍液,或 2.5%溴氰菊酯乳油 2 500～5 000 倍液,或

44%多虫清乳油 1 500～2 000 倍液,或 10%吡虫啉可湿性粉剂 3 000～4 000 倍液,或 2.5%氯氟氰菊酯乳油 2 500～3 000 倍液等,以保证组培苗假植期不带病。

新近研究表明,36%降黄龙可湿性粉剂的 150 倍液,250 倍液,350 倍液三个供试浓度中,随着施药浓度的提高,无病叶绿和防效均有显著的提高,对香蕉花叶心腐病和香蕉束顶病具有优异的治疗作用和保护作用。是目前国内外惟一的既能高效防治香蕉花叶心腐病又能高效防治香蕉束顶病的药剂(陈铣等,2001)。

(三)香蕉花叶病

香蕉花叶病,在南美洲、菲律宾等地早有发生,其危害性不亚于束顶病。我国过去没有该病发生的报道。广东省自 1974 年首次在广州及东莞个别地区发现该病以后,蔓延扩展较快,有些蕉园发病率高达 80%。早期感病植株生长萎缩,甚至死亡。成长株感病则生长衰弱,不能结实。

【症　状】　病株叶片上出现长短不一的褪绿黄色条斑或梭状圈斑,呈现黄绿条纹相间的症状。继嫩叶黄化或出现黄色条斑后,心叶或假茎出现水渍状,横切假茎病部可见黑褐色块状病斑,中心变黑腐烂、发臭。

【病　原】　该病的病原是一种病毒,称黄瓜花叶病毒香蕉株系(Cucumber mosaic virus strain banana)。病毒粒子球形,直径为 26 纳米。体外存活期为 12～24 小时,可通过汁液摩擦和蚜虫传染。

【发病规律】　病害初侵染源来自感病寄主。远距离传播靠带毒种苗实现;近距离传播靠媒介昆虫实现。通过汁液摩擦可传染发病。该病潜育期一般为 5～10 天,但当发病条件不合适时,其潜育期可长达 12～18 个月。苗期比成株期发病严重,尤其 1 米以下幼嫩蕉苗最易感病。香蕉与黄瓜间套种者发病严重。该病在温暖干燥年份发生较为严重,这与蚜虫发生量多有密切关系。每年发病高峰期在 5～6 月份。新抽生的幼嫩组织及心叶较易感病。发病与品种有一定关系:矮秆香蕉的耐病性、恢复性比高秆香蕉强。

【防治方法】 参照香蕉束顶病的防治方法进行防治。同时,还应避免与瓜类作物和茄科作物间种。

(四)香蕉枯萎病

香蕉枯萎病,又称香蕉巴拿马枯萎病、香蕉镰刀菌枯萎病、香蕉黄叶病。该病在拉丁美洲许多国家早有发生。我国台湾省亦早有发现。本病被列为我国对外、对内的检疫对象。大陆于 1960 年在广西的西贡蕉上首先发现,1975 年在海南粉蕉上亦有发生。现在,广东、广西和台湾的很多蕉区都有发生,造成毁灭性的损失。

【症　状】 从苗期到成株期都能发病。苗期症状不明显。成株接近结果期症状明显,有叶片倒垂型黄化和假茎基部开裂黄化两种。叶片倒垂型黄化发病,蕉株下部及靠外的叶鞘先出现特异黄化,多在叶片边缘出现,然后逐渐扩展到中肋。感病的叶片很快倒垂枯萎,由黄变褐而干枯。假茎基部开裂型黄化,病株先从假茎外围的叶鞘近地面处开裂,渐向里扩展开裂达心叶,并向上发展达叶片处。裂口褐色干腐,最后叶片变黄。病株多数在未现蕾结实时即枯死。个别不枯死的则果实发育不良,品质差,产量低。母株发病以至枯死后,其根茎通常不立即死亡,仍能长出新的吸芽,继续生长,到了生长中后期才发病。

【病　原】 该病的病原为一种真菌,称为尖镰孢菌古巴专化型 [*Fusorium oxysporum* f. sp. *cubense* (E. F. Smith) Syn. et Han.] 属半知菌亚门。病原菌的孢子座上产生的分生孢子有 3～5 个隔膜,多数为三个隔膜。散生在菌丝上的小型分生孢子,数量很多,为单胞或双胞,卵圆形。菌核蓝黑色。厚垣孢子椭圆形至球形,顶生或间生,单生或两个联生。

【发病规律】 该病初侵染源来自病株及带菌土壤。病原菌的厚垣孢子在土壤中可存活几年至十几年。但在积水缺氧的情况下,其存活期则大为缩短。该病的传播主要通过种苗、带菌的土壤和流水来实现,故地势低洼的蕉园易发病。粉蕉、西贡蕉和蕉麻最易染病,香蕉和大蕉较抗病。

【防治方法】

①加强检疫,严防从国外或台湾省的带病种苗进入;国内也要严禁病区的蕉苗调往外地。

②推广种植无病组培苗。

③定期检查蕉园,发现零星病株应及时清除销毁,并撒施石灰或尿素处理土壤。重病区可考虑全园销毁,改种水稻、花生或甘蔗等经济作物。

(五)香蕉黑星病

香蕉黑星病,是蕉类常见的病害。它主要危害叶片和果实。叶片受害后,早衰凋萎;病果外观差,商品价值低,贮运期易腐烂。

【症　状】　感病植株的下部叶片先发病,叶面散生许多小黑粒,病害逐步向中、上层叶片发展,导致大量叶片发病但嫩叶很少发病。挂果后,青绿色的果皮逐渐出现许多小黑粒,果穗向外一侧发病多于内侧,严重时穗轴及蕉果内侧也集生大量微小黑粒。果实成熟时,在小黑粒的周缘会形成褐色的晕斑,后期晕斑部分的组织腐烂下陷,小黑粒的突起更为明显。

【病　原】　该病的病原是一种称为香蕉大茎点霉的真菌[*Macrophoma musae* (Cooke) Berl. et Vegl.],属半知菌。分生孢子器半内生于叶片组织中,褐色。圆锥形,无色,单胞,少双胞。孢子成熟后在有水时从孔口涌出。

【发病规律】　病菌以菌丝体和分生孢子在有病的植株上越冬。侵染源来自田间的病叶及病果,分生孢子随雨水和气流传播。每年春雨季节,成熟的分生孢子器喷溅出大量分生孢子,感染叶片及果实,使之发病。病多在夏秋季节发生,雨后或雨季发生严重。在高温高湿下,苞片脱落后的幼果很容易感病。高肥、密植的蕉园多病;挂果后期最易感病;香蕉比粉蕉、大蕉易感病。

【防治方法】

①注意田间卫生,减少初侵染源(参照香蕉叶斑病)。

②断蕾后套袋护果。袋为长 80 ~ 120 厘米,宽 50 厘米,厚 0.3 ~ 0.4 毫米的蓝色聚乙烯薄膜袋,袋身打有小孔,以便夏天散热。具体做法是:将果穗套入袋内,上端紧扎在果穗的基础部,下部开口透气。套袋能阻止病菌随雨水转移到果实上,并有一定的防寒作用。但盛夏期间套袋容易引起果实灼伤。

③用 75% 百菌清可湿性粉剂 800 ~ 1 000 倍液,或 70% 甲基托布津可湿性粉剂 800 ~ 1 000 倍液,或 50% 多菌灵可湿性粉剂 800 倍液,向叶片及果实喷雾,尤以在果实断蕾后套袋前喷果为佳。

(六)香蕉炭疽病

炭疽病是香蕉产区的常发病,也是全世界香蕉产区最重要的采后病害。在我国广东、广西、福建和台湾的蕉区均有发生。

【症　状】 在黄熟果皮上先出现梅花点状病斑,病斑迅速扩大成深褐色块斑,致全果变黑腐烂。果柄发病时,引起蕉指脱落。叶片被害,病斑初期不明显,后期则呈不规则长条形,中央灰色,上面着生许多小黑点。假茎被害,顶端发黑,严重者茎腐。若开花不久被病菌侵入,小果端部变黑腐烂。

【病　原】 该病病原是一种真菌,称为香蕉盘长孢。属半知菌(*Gloeosporium musarum* Cooke et Mass)。在自然条件下,只产生分生孢子。分生孢子生于分生孢子盘内。分生孢子盘直径为 135 ~ 240 纳米,聚集在一起时呈朱红色。分生孢子梗短杆状,无色,不分枝。分生孢子为单胞,长椭圆形,无色。

【发病规律】 田间初侵染源来自带病的香蕉植株,病斑上的分生孢子由风雨或昆虫传播。侵入植株后,最易在幼嫩组织上先发病。果实受害,通常呈潜伏侵染状态。病菌在表皮下休眠,直到果实黄熟后才迅速表现症状。果实包装材料及催熟房间内的病原菌分生孢子,也是果实贮运期该病的菌源之一。病害的发生与温、湿度及品种关系密切。夏秋季高温多湿期间,该病发生严重。发病的决定因素是湿度,在多雨雾重和潮湿的环境条件下,发病严重。冬季低温干燥,病害较轻。白油身、黑油身和东莞中把品种较为抗病,63-1、高脚顿地雷则较感病,台湾蕉较天宝矮蕉抗病。

【防治方法】

①清洁蕉园,集中病、枯叶烧毁;增施肥料,加强树势。

②药剂防治。自抽蕾开花期起,每隔 10～15 天喷施 50%多菌灵可湿性粉剂 500 倍液加高脂膜的混合剂,或 2%农抗 120 水剂 200 倍液,或 50%施保功可湿性粉剂 1 000 倍液,或 75%百菌清可湿性粉剂 800～1 000 倍液,连续 3～4 次,可有效降低炭疽病危害。果实采收后,用 45%特克多可湿性粉剂或 50%抑霉唑 500 倍液浸果 1～2 分钟,晾干后置于加高锰酸钾固体保鲜剂的密封薄膜袋内,可有效抑制炭疽病发生,延长青果期,减少贮运期烂果。

③选择晴天适时采收。在果实有 75%～85%成熟度时采收最好。收获时,蕉果不要直接与地面接触,避免产生伤口。

④果实包装、催熟场所及包装材料,每次使用前必须用 10%福尔马林溶液进行熏蒸消毒。

新近研究表明,来自辣椒体内的枯草芽孢杆菌(*Bacillus subtiluis*)BS-2 和 BS-1 菌株,对香蕉炭疽病菌菌丝的生长、分生孢子的形成及萌发等,有较强的抑制作用。接种病菌 16 天后,两菌株对香蕉炭疽病防治效果达 34.0%(BS-1)～90.0%(BS-2)。其中 BS-2 的防效比 BS-1 好。

（七）香蕉根线虫病

【**症　状**】　该病主要危害香蕉根部。受害植株的地下部根系生长受阻，有效吸收根少，部分根系形成肿瘤，根表皮腐烂。由于地下部根系生长不良，导致植株矮化，叶片黄化，无光泽，植株易散把，抽蕾较困难。抽蕾的病株，果实发育不正常，果实瘦小，产量低，品质差，没有经济价值。

【**病　原**】　本病由根线虫危害引起。病原线虫有爪哇根结线虫、花生根结线虫、短体线虫、螺旋线虫和肾形线虫等。

【**发病条件**】　初侵染源主要来自带病的吸芽及土壤，土壤以砂质壤土或河边冲积土发病较多，而黏质壤土较少见线虫危害。

【**防治方法**】

①采用无病的组培苗或吸芽苗种植。新植蕉必须采用无病组培苗或无病吸芽苗种植。若采用吸芽苗种植，在种植之前先将球茎上的烂根及土壤消除，保持球茎清洁。

②重病蕉园实行轮作。对发病严重的蕉园，可轮种甘蔗、水稻等作物，减少病虫源。

③药剂防治。植株发病时，在蕉头四周撒施杀线虫药剂。每次每株施用 10% 克线丹 20～30 克或 10% 克线磷 30～40 克。每年在每次新根发生前施药一次，具体施药次数视虫口密度而定。雨季施药效果最好。还可以施用 24.5% 北农爱福丁乳油 6 000 倍液，每株施 1 000 毫升。余玉冰等(2000)应用根结线虫病区采集的土壤样本中 2 龄幼虫体内分离筛选出来的致病菌株(用代号为 N1N2 表示)混合菌液，对香蕉根结线虫病进行田间防治试验，单用 N1N2 混合菌液(浓度 4.1×10^{10} 个菌/毫升)防效可达 86.01%，加入适量增效剂能提高防治效果达 94.35%。

(八)香蕉轴腐病

【症　状】　该病主要危害香蕉果轴和果指。香蕉分把后,病菌从切口处侵染,常导致果轴腐烂,后延伸到果肉,果轴全部变黑。果皮部分或全部变黑,略动果指即会脱落,与变黑果皮相对应的果肉也腐烂。后期腐烂处,常被镰刀菌侵染而产生白色霉状物。

【病　原】　由多种病菌侵染所致。主要有 *Botryodiplodia theobromae* Pat.,称可可毛色二孢; *Thielaviopsis paradoxa* (de Seyn.) Hohne,称奇异根串珠霉; *Fusarium roseum* (Link.),称粉红镰孢霉,和 *F. moniliforme* (Sheld.) S. et H.,称串珠镰孢,均属半知菌亚门真菌。可可毛色二孢分生孢子的大小为 20 ~ 30 微米 × 10 ~ 18 微米。奇异根串珠霉内生分生孢子的小梗,初无色,后变褐色;分生孢子淡绿色,初长方形,后变椭圆形,大小为 9.5 ~ 19 微米 × 3.8 ~ 7.6 微米。厚垣孢子圆形至长椭圆形,串生,褐色,大小为 16 ~ 19 微米 × 10 ~ 12 微米。粉红镰孢霉大型分生孢子镰刀形,两端细削,橙红色。串珠镰孢小分生孢子多。小分生孢子呈链状着生 1 ~ 2 个细胞,以单细胞为主,卵形;大分生孢子多为镰刀形或纺锤形,顶端较钝,另一端较锐或粗细均匀。有 3 ~ 5 个膈膜,大小为 20 ~ 70 微米 × 2 ~ 4.5 微米。

【发病规律】　主要以菌丝于病果及病残叶内越冬,翌年条件适宜时产生孢子,从切口侵入为害。温暖高湿有利于发病。

【防治方法】

①加强栽培管理,尤其是肥、水管理,不要过量施用氮肥,以保持良好的长势。

②清除初侵染源,及时清除病果。秋季结合清园,清除枯叶并集中烧毁。

③加强贮藏期管理,香蕉入库前用防腐剂处理,库温不宜太高,湿度不宜太大。

三、虫害防治

香蕉的虫害,主要有香蕉交脉蚜、弄蝶、网蝽、花蓟马、假茎象鼻虫(香蕉象甲)、球茎象鼻虫(蕉根象鼻虫)和斜纹夜蛾和叶螨等。其防治方法见表6-3。

(一)香蕉交脉蚜
(*Pentalonia nigronervosa* Coquerel)

交脉蚜刺吸危害蕉类植物,使植株长势受影响。更为严重的是,它吸食病株汁液后能传播香蕉束顶病和香蕉花叶心腐病,对香蕉生产有很大的危害性。其寄主植物还有番木瓜和姜等。香蕉交脉蚜属同翅目蚜科,又名蕉蚜、甘蔗黑蚜,我国各蕉区均有分布。

【形态特征】 该虫体型小,身体柔软,近棕黑色。腹部近后背侧有一对圆筒形的腹管向两侧突出。分有翅和无翅两种类型。有翅型翅透明,成屋脊状覆于体背两侧,翅脉附近有许多密集黑点。

【生活习性】 交脉蚜成虫具有翅型和无翅型,可飞行或随气流传播,也能爬行或随吸芽、土壤人为的移动而传播。常先在寄主下部为害,随虫口密度增加而逐渐向上转移,以叶基部虫口最多,嫩叶的荫蔽处也多聚集为害。在吸食寄主养分的同时,传播病毒。田间种群数量发生的密度与气候关系密切,一般在干旱年份发生较多,多雨年份则较少,且易死亡。干旱或寒冷季节,蕉株生长停滞,蚜虫多躲藏在叶柄、球茎或根部,并在这些地方越冬,到翌年春天环境条件适宜时,蕉株恢复生长,蚜虫开始活动和繁殖。因此,在冬季,香蕉束顶病很少发生。到每年的3~4月份便陆续发病。广东蕉蚜盛发期是4月份左右和9~10月份。病害的流行期则是3~5月份。该虫最喜欢在香蕉,尤其矮种的香蕉上寄生为害。

【防治方法】 一旦发现罹病植株,应立即喷洒杀虫剂,彻底消灭带毒蚜虫。再将病株及其吸芽彻底挖除,以防止蚜虫再吸食毒汁而传播。在病毒病严重的地区,应增加喷药数次,务必彻底消灭带毒蚜虫。有效药剂有40%乐果乳油1 000~1 500倍液,10%吡虫啉可湿性粉剂3 000~4 000倍液,2.5%氯氟氰菊酯乳油2 500~3 000倍液,5%鱼藤铜乳油1 000~1 500倍液,50%抗蚜威可湿性粉剂1 000~1 200倍液,2.5%溴氰菊酯乳油2 500~5 000倍液,44%多虫清乳油1 500~2 000倍液。

新近研究表明,非洲山毛豆乙醇提取物和机油乳剂,对香蕉交脉蚜均有明显的忌避作用,二者混用效果更好。2毫克/毫升机油乳剂对香蕉交脉蚜也有明显的防治效果。

(二)香蕉弄蝶(*Erionota torus* Evans)

香蕉弄蝶属于鳞翅目,弄蝶科。由于它边吃叶、边卷叶而形成叶苞,所以俗称香蕉卷叶虫、蕉苞虫。发生严重的蕉园虫苞很多,叶片残缺不全,甚至仅剩主脉,妨碍叶片生长,影响产量。以粉蕉受害最为严重。香蕉弄蝶在全国蕉区均有分布。

【形态特征】 成虫体长28~31毫米,黑褐色或茶褐色,头、胸部布满灰褐色鳞毛,前翅中部有三个近长方形的黄斑,呈三角形排列。卵扁球形,初产出时黄色,后渐变为红色。卵壳表面有放射状白色线纹。老熟幼虫体长50~64毫米,头黑色,全身披白色蜡粉。蛹圆筒形。黄白色,披有白色蜡粉,喙伸达或超出腹末,末端与体分离。腹部臀棘末端有很多刺钩。

【生活习性】 该虫一年发生4~6代。以老熟幼虫或蛹在叶苞内越冬。越冬代成虫一般于3月上旬羽化。成虫在清晨及傍晚活跃,吸食蕉花的花蜜以补充营养,晚上于蕉丛或附近的屋檐下过夜。将卵散产在叶片或嫩假茎上。幼虫孵出后,爬到叶缘咬一缺口,随即吐丝卷成筒状叶苞以藏身,幼虫边吃边卷,不断加大叶苞。幼虫长大后,还可转叶危害,另结新苞。幼虫体表分泌有大量白粉状的蜡质物。幼虫老熟,吐丝封闭苞口,并在卷苞内化蛹。香蕉弄蝶在田间发生的种群数量,与食料及天敌关系最为密切。广州地区每年6~7月份,气温高,雨量多,蕉叶生长茂盛,而天敌的数量较少,最有利香蕉弄蝶的生长发育和繁殖,故此期间弄蝶第三、第四世代的种群数量发生最大。8~9月份,由于其卵被赤眼蜂大量寄生,幼虫及蛹亦被小茧蜂等天敌大量寄生,田间虫口密度急剧下降,不再造成经济损失。

【防治方法】

①摘除虫苞,杀死幼虫或蛹。

②注意保护天敌。

③药剂防治的重点,是消灭第三、第四代幼虫。推荐使用生物制剂青虫菌6号300倍液,防治低龄幼虫有高效,又不污染果园环境;90%敌百虫500倍液,无论对高、低龄幼虫都有很好的防治效果。还可选择40%毒死蜱乳油1 000~2 000倍液,或苏云金杆菌粉剂(含活芽胞100亿个/克)500~1 000倍液,或5%伏虫隆乳油1 500~2 000倍液,或10%吡虫啉可湿性粉剂3 000~4 000倍液,或2.5%氯氟氰菊酯乳油2 500~3 000倍液,喷布植株及虫体。

(三)香蕉冠网蝽
([*Stephanitis typica*(**Distant**)])

香蕉冠网蝽,又名香蕉网蝽、香蕉花网蝽、亮冠网蝽。其成虫和若虫群栖于蕉叶背面刺吸为害。被害部出现许多黑褐色小斑点,而在叶片正面出现花白斑点,叶片早衰枯萎。有报道说,该虫还能传播病毒病。冠网蝽属半翅目,网蝽科。全国蕉区均有分布。

【形态特征】 成虫体长2.1~2.4毫米,初羽化时为银白色,后渐变成灰白色。头小,棕褐色。复眼大而突出,黑褐色,触角4节,喙4节。前胸背板具网状纹,形状特异,胸部腹板的中央两侧隆起,中央成槽状,喙置于槽中。前翅长椭圆形,膜质透明,具网纹,后翅狭长,仅达腹末,无网纹,有毛。卵长椭圆形,稍弯曲,顶端有一卵圆形的灰褐卵盖。初产出时无色透明,后期变为白色。1龄若虫初孵出时为白色,以后体色变深,体光滑,体刺不明显,复眼淡红色,喙伸达第四腹节,5龄若虫头部黑褐色,复眼紫红色,前胸背板盖及头部,两侧缘稍突出。翅芽达第三腹节。其基部及末端有一黑色横斑。

【生活习性】 该虫在广州地区每年发生6~7代,世代重叠,无明显的越冬休眠现象。成虫产卵于叶背的叶肉组织内,常集中成堆,每堆10~20粒,间有多达百余粒者,并有分泌紫色胶状物覆盖保护。一般每只雌虫产卵2~5次,共产卵35~45粒,产卵期为8~15天。若虫孵出后群栖叶背取食。成虫则喜欢在蕉株顶部1~3片嫩叶背面取食和产卵,进行危害。低温时则静伏不动,待温度回升后再恢复活动。台风及暴雨对其生存有明显影响。

【防治方法】

①人工防治。经常检查香蕉园,及时摘除受害严重的叶片,将其集中烧毁或埋入土中。

②化学防治。在若虫盛发期喷洒杀虫剂,药剂可选80%敌敌畏乳油800~1 000倍液,或40%乐果乳剂1 000倍液,或80%敌百虫可湿性粉剂或晶体500~800倍液,或48%毒死蜱乳油1 000~2 000倍液等,均有较好的防治效果。

(四)香蕉花蓟马
[*Thrips hamaiiensis*(**Morgan**)]

【危害情况】 香蕉花蓟马,属缨翅目,蓟马科,是一种专门危害香蕉果实的害虫。近几年,花蓟马对香蕉的危害日趋严重,已被列为香蕉的重要害虫。花蓟马的若虫和成虫,主要刺吸香蕉子房及幼嫩果实的汁液。雌虫在幼嫩果实的表皮组织中产卵,虫卵周围的植物细胞因受刺激而引起幼果果皮组织增生。果皮受害部位初期出现水渍状斑点,其后逐渐变为红色或红褐色小点,最后变为粗糙黑褐色突起斑点,似香蕉黑星病斑。但花蓟马危害所形成的黑色斑点和黑星病斑点可以区别。花蓟马危害形成的黑点,是向上凸起,而黑星病斑点是向内凹陷。

【生活习性】 香蕉花蓟马生活于花蕾内,营隐蔽生活。一年多代,世代重叠。在一年当中,任何季节抽出花蕾时,它均可在花苞片内继续危害。每当花苞片张开,花蓟马即转移到未张开的花苞片内,保持隐蔽生活,继续为害。台湾省蔡云鹏(1986)报道,在未抽蕾的香蕉植株上,没有见到花蓟马的活动,一旦香蕉抽蕾,花蓟马就出现,花苞片尚未展开花蓟马已开始危害,花苞片是花蓟马的活动中心,在花蕾各个部位中,雄花最能诱集成虫,故果梳虫斑数量以下端最多,中间次之,上端最少。花蓟马仅危害果实,不危害假茎、叶片及吸芽等部位。

【防治方法】

①加强肥水管理,使花蕾苞片迅速展开。当雌花开放结束后,及时断蕾,消灭虫源。

②掌握花蓟马发生规律,及时喷药防治。香蕉自假茎顶端出现时,即用10%高效灭百可2 000倍液,或5%鱼藤铜乳油1 000~1 500倍液,或40%毒死蜱乳油1 000~2 000倍液,或10%吡虫啉可湿性粉剂3 000~4 000倍液,喷湿香蕉把头及花蕾,整个花期喷2~3次,每隔7~10天喷一次。

(五)香蕉象甲

[*Cosmopolites sordidus* German]

香蕉象甲,属鞘翅目,象甲科。常见的有两种,即香蕉象甲和香蕉大象甲(*Odoiporus* sp.)。香蕉大象甲又有两种类型,一为香蕉双黑带象甲,也称双带型;一为香蕉大黑象甲,也称大黑型。蕉园中常见的多为双带型,大黑型较少见。香蕉象甲是蕉类最严重的害虫,无论成虫或幼虫,均钻蛀假茎,进行危害。其蛀道纵横交错,严重妨碍植株生长,使之风吹易折,甚至整株腐烂枯死。香蕉象甲广泛分布于全国各香蕉产区,以香蕉和西贡蕉为主要寄主,亦危害大蕉和粉蕉等。

【形态特征】 成虫体为黑色或黑褐色,有光泽,密布刻点。体长 10~11 毫米,头部延伸成筒状,略向下弯,触角所在处特别膨大。前胸背板大而遍布刻点,鞘翅端部近圆形,足的第三跗节扩展如扇形。卵乳白色,长椭圆形,表面光滑。幼虫亦为乳白色,身体肥大,弯曲无足。头赤褐色,体表多横皱。蛹为裸蛹,乳白色,头弯向腹面,头喙可伸达中足胫节末端。

【生活习性】 在华南地区,该虫每年发生 4~5 代,世代重叠,各虫态常同时出现,无明显越冬休眠现象。雌成虫交尾后产卵于假茎叶鞘组织内的小空格中,每格 1~2 粒。产卵处的叶鞘表面通常可见微小的伤痕,亦即先呈水渍状、后变为褐色的斑点,表面有少量胶质物溢出。幼虫老熟后在蛀道内化蛹。成虫羽化后,仍暂居蛀道中,经若干日始钻出。因成虫畏光,常藏匿于受害假茎最外一二层干枯或腐烂的叶鞘下,有群聚性。受害的植株,叶片卷缩变黄,枯叶多,结实少,或果穗不能抽出,严重者假茎腐烂甚至死亡。

【防治方法】

①严格检疫,禁止有虫蕉苗运入新区。有条件的应用组培苗。

②清园除虫。每年清明前进行"圈蕉"(割除干枯叶鞘),可以减轻虫害。要定期割除被害叶柄和叶鞘,以消灭部分成虫和幼虫。采果后,砍伐假茎做堆肥和沤肥,或作深埋处理。

③药剂防治。用 98%杀螟丹可湿性粉剂 5 000 倍液,或 18%杀虫双水剂 1 800~2 000 倍液,或 48%毒死蜱乳油 1 000~2 000 倍液喷雾,或淋灌"把头",对香蕉象甲成虫防治效果较好。但对其幼虫无效。

（六）蕉根象鼻虫

（*Cosmopolites sordidus* German）

蕉根象鼻虫,属鞘翅目,象甲科,别名香蕉黑筒象、香蕉球茎象虫。寄主为香蕉。其幼虫在近地面的茎至根头内纵横蛀食。蕉苗受害的叶片变黄,心叶萎缩,甚至全株枯死。成株受害后,假茎瘦小,叶少且多枯黄,虽能结实,但产量锐减,品质低劣。植株亦易风折。成虫食害香蕉茎叶。

【形态特征】 成虫体长 10~13 毫米,黑色,密布粗刻点。喙圆筒状,略下弯,短于前胸,触角着生处最粗,向两端渐狭。触角膝状,着生于喙基部 1/3 处。前胸圆筒形,长大于宽,背面中部有一条光滑无刻点的纵带。小盾片近圆形。鞘翅肩部最宽,向后渐窄,具纵刻点沟 9~10 条。臀板外露,密布短茸毛。足腿节棒状,胫节侧扁,第三跗节不呈叶状,爪分离。卵长椭圆形,长 1.5 毫米,光滑,乳白色。幼虫体长 15 毫米,乳白色,肥大,无足,头赤褐色,体多横皱,前胸及末腹节的斜面各有一对气门,腹末斜面有淡褐色毛 8 对。蛹长 12 毫米,乳白色,喙达中足胫节末端,腹末背面有两个瘤状突起,腹面两侧各有强刺一根和长短刚毛两根。

【生活习性】 在华南一年发生 4 代,世代重叠,全年各虫态同时可见,冬季无明显休眠现象。该虫多以幼虫在茎内越冬。该虫 3~10 月份,发生数量较多,5~6 月份危害最烈。夏季一代需 30~45 天,卵期为 5~9 天,幼虫期为 20~30 天,蛹期为 5~7 天。冬季世代需 82~127 天,越冬幼虫期为 90~110 天。幼虫老熟时以蕉茎纤维封闭隧道两端,不做茧,于隧道内化蛹。羽化后停留数日,由隧道上端钻出。成虫畏阳光,常匿藏于蕉茎外层枯鞘内,在炎夏和寒冷季节,常聚居于蕉茎近根部处的干枯叶鞘中。其卵产于接近地面的茎或蕉苗上,产在最外一二层的叶鞘组织小空格中,每格一粒。初孵幼虫自假茎蛀入球茎内,严重时一株有幼虫 50~100

头。成虫停食 70 余天仍不死,寿命达 6 个月以上。其天敌有螳螂和阎魔虫等。

【防治方法】

①严格进行蕉苗检疫,防止蔓延。

②收获后清除残株,剥除虫害叶鞘,集中处理。

③捕杀群集于叶鞘茎部和枯老假茎叶鞘内的成虫。

④在叶柄基部与假茎相接的凹隙处,放入少量茶枯或敌敌畏等药剂,可减少其虫害;也可以用 50%辛硫磷乳油 1 000 ~ 1 500 倍液,在定植时施入植穴中杀灭和预防该虫。

⑤保护引放天敌。

新近研究表明,在不同品种的香蕉园和不同类型香蕉的植株上,施用茶枯粉,可以明显降低香蕉球茎象虫种群的数量,起到较好的控制作用。广东香蕉 2 号园撒施茶枯粉后,其成虫数量比对照区的平均减少了 46.05%,卵量平均降低了 49.18%。在孟加拉龙牙蕉园处理区,其成虫平均密度下降为 1.96 头/株,低于经济阈值。威廉斯蕉园留头蕉茎上的香蕉球茎象虫成虫数量,处理区比对照区最高可降低 55.92%,卵处理区比对照区降低 42.42%。

四、农药使用准则及禁用与宜用农药

(一)农药使用基本准则

进行香蕉无公害生产,应使用植物原杀虫剂、微生物源杀虫杀菌剂、昆虫生长调节剂、矿物源杀虫杀菌剂,以及低毒低残留农药,来防治香蕉病虫害。限用中等毒性有机农药,不使用未经国有关部门登记和许可生产的农药,禁止使用剧毒、高毒、高残留或具有致残、致畸、致癌作用的农药。

（二）禁止使用的农药

在无公害香蕉生产中,禁止使用剧毒、高毒、高残留农药和致畸、致癌、致突变农药。这些农药包括滴滴涕、六六六、杀虫脒、甲胺磷、对硫磷、甲基对硫磷、久效磷、磷胺、甲拌磷、氧化乐果、水胺硫磷、丁硫磷、甲基硫环磷、治螟磷、甲基异柳磷、内吸磷、克百威、涕灭威、灭多威、汞制剂和砷类等。上述及其它禁止使用的农药,详见附录二中的表4。

（三）提倡使用的农药

在无公害香蕉生产中,提倡使用生物源农药、矿物源农药和新型高效、低毒、低残留农药,并可选用农业行业标准《无公害食品香蕉生产技术规程》(NY 5022 – 2001)中推荐使用的化学药剂(表6-2,表6-3)。

表6-2 香蕉病害防治

病害名称	危害部位	药剂防治		其它防治方法
		推荐农药种类与浓度	使用方法	
香蕉叶斑病	叶片	25%敌力脱乳油1000～1500倍液 50%多菌灵可湿性粉剂800倍液 70%甲基托布津可湿性粉剂800倍液 40%灭病威悬浮剂400～800倍液 77%氢氧化铜可湿性粉剂1000～1200倍液 75%百菌清可湿性粉剂800～1000倍液	喷洒叶片	合理密植,但勿过密;加强肥水管理,不偏施氮肥;及时排除蕉园积水;及时割除吸芽、枯叶和病叶,除净杂草,使园内通风透光
香蕉黑星病	叶片、果实	75%百菌清可湿性粉剂800倍液 50%多菌灵可湿性粉剂800倍液	抽蕾后开蕾前喷洒花蕾及其附近叶片	加强管理,提高抗病能力;对果实套袋
香蕉花叶心腐病	叶片、假茎、果实	10%吡虫啉可湿性粉剂3000～4000倍液 40%乐果乳油1000～1500倍液 50%抗蚜威可湿性粉剂1000～1200倍液 2.5%氯氟氰菊酯乳油2500～3000倍液 2.5%溴氰菊酯乳油2500～5000倍液 44%多虫清乳油1500～2000倍液 5%鱼藤铜乳油1000～1500倍液	定期喷洒杀蚜剂,消灭蚜虫传播媒介	选用无病健康组培苗,不从病区调用;用吸芽作种苗,保持园内清洁,及时清除杂草;加强肥水管理,不偏施氮肥;与甘蔗、水稻、大豆或花生等作物轮作

续表 6-2

病害名称	危害部位	药剂防治		其它防治方法
		推荐农药种类与浓度	使用方法	
香蕉束顶病	叶片、假茎、果实	10%吡虫啉可湿性粉剂3000~4000倍液 40%乐果乳油1000~1500倍液 50%抗蚜威可湿性粉剂1000~1200倍液 2.5%氯氟氰菊酯乳油2500~3000倍液 2.5%溴氰菊酯乳油1500~2000倍液 44%多虫清乳油1000~1500倍液 5%鱼藤酮乳油1000~1500倍液	定期喷洒杀蚜剂消灭传播媒介	选用无病健康组培苗,不从病区调用;用吸芽苗作种苗;及时清园内清洁,及时拔除病株,并集中烧毁;加强肥水管理,不偏施氮肥;与甘蔗、水稻、大豆或花生等作物轮作
香蕉炭疽病	果实、假茎	2%农抗120水剂200倍液 50%多菌灵可湿性粉剂500~800倍液 50%施保功可湿性粉剂1000倍液 75%百菌清可湿性粉剂800~1000倍液	抽穗时开始对花穗和小果喷洒	对果实套袋
香蕉根线虫病	根系	3%米乐尔5000g/666.7m²	定期进行土壤消毒	选用无病健康组培苗,加强肥水管理;与甘蔗、水稻、大豆或花生等作物轮作;植前翻耕土壤,并充分晒白

表6-3　香蕉虫害防治

虫害名称	危害	药剂防治		其它防治方法
		推荐农药种类与浓度	使用方法	
香蕉交脉蚜	主要传播束顶病、花叶心腐病	10%吡虫啉可湿性粉剂 3000~4000倍液 40%乐果乳油 1000~1500倍液 50%抗蚜威可湿性粉剂 1000~1200倍液 2.5%氯氰菊酯乳油 2500~3000倍液 2.5%溴氰菊酯乳油 2500~5000倍液 44%多虫清乳油 1500~2000倍液 5%鱼藤精乳油 1000~1500倍液	重点对香蕉心叶、幼株、成株把头处定期进行喷洒	采用不带蚜虫的组培苗
香蕉花蓟马	使果实表皮粗糙	5%鱼藤酮乳油 1000~1500倍液 10%吡虫啉可湿性粉剂 3000~4000倍液 40%毒死蜱乳油 1000~2000倍液	现蕾时至断蕾时喷洒	加强水肥管理，促使花蕾迅速张开，缩受害期
香蕉卷叶蛾（卷叶虫）	卷食叶片，减少叶面积	40%毒死蜱乳油 1000~2000倍液 苏云金杆菌粉剂(含活芽胞100亿个/克)500~1000倍液 5%伏虫隆乳油 1500~2000倍液 10%吡虫啉可湿性粉剂 3000~4000倍液 80%敌百虫可湿性粉剂或晶体 500~800倍液 2.5%氯氰菊酯乳油 2500~3000倍液	喷洒叶片	摘除虫苞；冬季清园，将园内干叶集中烧毁

续表 6-3

虫害名称	危害	药剂防治		其它防治方法
		推荐农药种类与浓度	使用方法	
香蕉假茎叶鞘象鼻虫	幼虫蛀食假茎叶柄、花轴	98%杀螟丹可湿性粉剂 5000 倍液 18%杀虫双水剂 1800～2000 倍液 48%毒死蜱乳油 1000～2000 倍液	喷洒	选用无虫害的组培苗；钩杀注道中的幼虫；经常清园、挖除旧蕉头，集中烧毁
香蕉球茎象鼻虫	幼虫蛀食球茎	50%辛硫磷乳油 1000～1500 倍液	定植时施入植穴中	选用无虫害的组培苗；挖除旧蕉头，集中烧毁
香蕉网蝽	若虫吸取叶片汁液	48%毒死蜱乳油 1000～2000 倍液 40%乐果乳油漆 1000～1500 倍液 80%敌敌畏乳油 800～1000 倍液 80%敌百虫可湿性粉剂或晶体 500～800 倍液	喷洒	及时清除严重受害叶，并集中烧毁或深埋

续表 6-3

虫害名称	危害	药剂防治		其它防治方法
		推荐农药种类与浓度	使用方法	
香蕉斜纹夜蛾	幼虫咬食幼嫩心叶	5%鱼藤铜乳油 1000~1500 倍液 25%灭幼脲胶悬剂 1500~2000 倍液 5%伏虫隆乳油 1500~2000 倍液 20%氰戊菊酯乳油 2500~3000 倍液 2.5%氯氟氰菊酯乳油 2500~3000 倍液 80%敌百虫可湿性粉剂或晶体 500~800 倍液	喷洒	
香蕉螨	吸食叶片汁液	10%浏阳霉素乳油 1000~2000 倍液 0.2%苦参碱乳剂 200~300 倍液 15%速螨酮乳油 1500~2000 倍液 73%克螨特乳油 2000~3000 倍液 5%噻螨酮乳油 1500~2000 倍液	喷洒	

第七章 香蕉的无公害采收、贮运及营销管理

一、香蕉采收及采收后的无公害处理

(一)采收期的确定

香蕉果实一般不在树上自然成熟。所以,在采收香蕉时,不是凭香蕉果皮的颜色变化或果实的硬度来确定,而是根据香蕉果实成长的大小即其饱满度,来确定采收期。

1.根据断蕾后果实发育的天数决定采收期

香蕉在不同季节抽蕾,其果实发育的天数有很大的差异。在正常的情况下,4～8月份抽蕾的香蕉,断蕾后60～80天就可以采收;10～12月份抽蕾者,断蕾后到采收的天数最长,约为130～150天。蕉农为便于掌握香蕉采收期和采收量,在断蕾时用小刀在果轴上刻写断蕾日期,并做好记录和统计。而台湾省的做法是,香蕉断蕾后,每旬在果穗末端缚上一种色带,依据色带的颜色,并参照不同季节香蕉开花到果实采收所需的天数,来确定采收日期。

2.根据果实的饱满度决定采收期

果实的饱满度,可以从果实表面的棱角反映出来。以香牙蕉品种为例,果实在生育初期,棱角明显,到果实充分成熟时,果实圆满,棱角不明显。蕉农在长期的实践过程中,根据果面棱角的变化程度,判断果实的饱满度。在正常的情况下,果身接近丰满时,饱满度约为七成;果身饱满,但尚见棱角时,饱满度约为八成;果身饱满,棱角不明显,饱满度可达到九成以上。通常以果穗中部果梳的

果实作为判断饱满度的依据。果穗上部果梳的果实,饱满度要大一些,而下部果梳的果实,饱满度则要小一些。

3.根据果实销售距离远近决定采收期

一般销往国外,果实可掌握在 7 ~ 7.5 成饱满度时采收;在本省、本地鲜销者,饱满度可达 9 成时才采收;销往长江以北省、市者,可在 7 ~ 7.5 成饱满度时采收;销往长江以南省、市者,可在 7.5 ~ 8 成饱满度时采收。

4.根据季节的变化灵活掌握采收期

香蕉周年都可以开花结果。不同季节开花所形成的果实,其生长速度、耐贮性以及采收标准,是不相同的。夏秋季蕉,适逢高温多湿,植株生长量大,果实发育迅速,产量高,采收后耐贮性差,故应适时采收,其饱满度不宜过高。冬春季蕉,适逢低温干旱季节,果实生长慢,但品质好,耐贮存,其饱满度可适当提高。

(二)采收时间

为提高香蕉的品质及耐贮性,减少腐烂,要求在香蕉采收前 10 ~ 15 天,停止给蕉园灌水。一般香蕉宜选择在阴天或晴天上午 11 时以前采收。要避免在中午强光、高温下采收,以防蕉身温度太高,影响贮运品质。此外,浓雾天气或下雨天,也不适宜采收香蕉,以免果梳感染病菌后造成腐烂。

(三)采收方法

目前,我国大陆大多数香蕉产区的采收方法大致相同。一般在采收之前,先割几片完整的蕉叶平铺在地面上,然后一手抓住果穗末端,另一手用利刀将果轴割断,再将果穗放置在铺有蕉叶的地面上。采收后,用自行车、摩托车、拖拉机、小卡车或船等交通工具,将香蕉转运到集贸市场销售。由于在采收、搬运过程中缺少软垫物的保护,香蕉果实的机械伤较为严重,影响外观及品质。

在香蕉采收、搬运过程中,为减少香蕉的碰伤、擦伤和压伤,就必须运用适当的采收技术。其方法是:在香蕉采收时,两人为一组,一人先用利刀在假茎的中上部砍切一刀,使植株慢慢倾斜,而另外一人用软垫物托住缓慢倒下的果穗,前一人再将果轴割断,最后将整串果穗连塑料套袋一起,放在事先准备好的软垫物上,并适当加以保护。要求在整个采收、搬运过程中,果穗不着地,不碰撞,尽量避免机械伤。

在国外一些香蕉生产国家,如中南美洲的国家和菲律宾等,多数采用索道运蕉。其方法是:采收时通常两人为一组,一人负责将绳索套牢果穗的顶端并割蕉,使割断的果穗慢慢下降;另一人以肩披软垫托住果穗,并搬到田间索道,将果穗吊挂在索道上,通过索道将香蕉运到集贸市场或加工场处理。目前,中国香蕉生产多数属于小农经营,没有规模性生产,很难采用索道运蕉,只有少数果场采用索道运蕉。福建漳州万桂农业发展有限公司,已在自己的生产基地建立运蕉索道,效果良好。

(四)采后处理

香蕉采后处理,实际上是将蕉园生产出来的初级产品,通过一系列工序处理后,才能提升为商品供出售。其整个工艺流程为:

采收果穗→运输到集贸市场或加工处理场地→果穗过秤→去除果指顶端残存的花柱、花被→果梳分离(落梳)→洗涤→果梳修整、分拣→防腐处理→晾干→包装与装箱→入库或发运。

香蕉采收后的整个处理工艺流程,要求在一天内完成。

1.香蕉果梳分离(落梳)

香蕉果穗运到加工场地过秤后,摘去果指顶端残存的花柱和花被。然后用锋利刀将果穗的果梳逐一分离,蕉农称此为落梳。落梳有两种方法:一种是带有果轴,另一种是不带果轴。目前我国大陆远销香蕉,或催熟高品质香蕉,都是采用去轴落梳方法,即用锋利弧形蕉刀,在果梳与果轴连接处垂直切下,将果梳分离而不带果轴。此法因伤口较小,加上防腐剂的处理,故保鲜效果更好。

2.防腐保鲜处理

香蕉在后熟过程中,容易引起腐烂变质。所以,采收后如果不重视防腐处理,在贮存和运输途中会造成很大的损失。

引起香蕉果实腐烂的病害,主要有炭疽病和黑星病。这两种病害均在大田栽培时,植株已受到感染。病菌还可以从果轴伤口或果实机械伤部位入侵而致病。因此,在防治上除栽培时喷药套袋之外,采收后的防腐保鲜也极为重要。目前,常用的防腐杀菌药剂有四种:①50%甲基托布津可湿性粉剂1 000倍液;②50%多菌灵可湿性粉剂500~1 000倍液,或45%特克多450倍液;③45%特克多900倍液加50%扑海因1 000倍液;④50%施保功500倍液。前两种药剂主要是在果实发育初期应用,目的在于消灭病菌传染源;后两种主要是在香蕉采收后进行浸果防腐。上述药剂,可根据实际情况,任选其中一种使用,均可取得良好的效果。

为延长香蕉货架期,苏小军等(2003)研究指出,香蕉经乙烯利处理后,在当天和第二天分别用6微升/升1-甲基环丙烯(1-MCP)密闭处理24小时,其色泽转变、软化及淀粉降解,均受到明显抑制,货架期延长5天以上;而在乙烯利处理后贮放两天或三天,再用1-MCP处理,则已失去对果实后熟的抑制作用。香蕉果实经1-MCP处理后,在常温下贮藏11天,可完全恢复对乙烯利的敏感。

3.包 装

为提高香蕉商品的档次,应根据香蕉果实的形状、大小、饱满度、皮色以及销售对象等,制订出香蕉分级包装的标准。从目前香蕉销售市场来看,出口香蕉的包装标准最为严格。所以,在香蕉果实的包装过程中,应按照规定标准,进行分级包装。以香牙蕉为例,香蕉果实应达到以下要求:

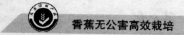

第一,果实新鲜,果梳齐整,大小较一致;果皮颜色正常,翠绿;蕉果洁净,没有污染。

第二,果形圆满,稍有棱角;果实饱满度达 7.5～8 成,果指长度在 18 厘米以上。

第三,果实没有机械伤和病虫害。

香蕉在包装之前,必须进行去轴落梳处理,并将果梳放于0.6%漂白粉水中洗涤,以防止蕉乳污染果皮。洗涤后,淘汰不合格的果梳,并按香蕉包装标准进行分级。然后,将符合标准的果梳,浸泡于防腐杀菌药液中 30 秒至 1 分钟,稍晾干后即可包装。

目前,香蕉包装可分为篓装和纸箱装两种。篓装主要以竹篓为主。包装时,在篓内衬 2～3 层再生纸或塑料薄膜,然后将香蕉果梳分层装放在篓内。由于竹篓上大下小,所以,篓底可放入较小的果梳,篓面装放较大的果梳。蕉果装好后,封上一层再生纸,盖上木盖,用细铁丝扎牢。每篓所装蕉果净重约 25 千克。这种包装取材容易,成本较低,但承受压力有限,在贮运中蕉果易受伤。

纸箱包装,普遍采用耐压耐湿的纸箱。在包装时,箱内衬垫塑料薄膜,每箱装蕉果净重 12～15 千克。纸箱包装具有保护性能好、易搬运、好堆放、有利于商品的装潢等优点。目前,台湾省及国外主要香蕉产区普遍采用纸箱进行包装。我国大陆生产的高品质香蕉及外销香蕉,基本采用纸箱包装。如福建漳州万桂农业发展有限公司和广东大塘实业公司,销往北京、哈尔滨等地的香蕉,全部采用耐压纸箱包装,并对其进行抽真空处理。

二、香蕉无公害贮运与催熟技术

(一)贮存及运输

香蕉在后熟过程中,会出现明显的呼吸高峰期。当呼吸高峰期出现时,果肉变软速度加快,果实成熟、衰老。为延长香蕉果实的贮存期,在其后熟过程中,应采取综合措施,抑制香蕉呼吸高峰期的发生。具体方法如下:

1.选择适宜贮运温度

香蕉贮运寿命的长短,与温度密切相关。在一定的温度范围内,可以提高香蕉果实的耐贮性。但如果贮运期间温度偏高(如在夏秋高温季节),会加速果实的呼吸作用,使乙烯含量提高,呼吸高峰期也提早出现,从而使香蕉的贮存寿命缩短,果实的品质降低。相反,温度太低,虽然香蕉果实呼吸作用缓慢,但果实容易产生生理冻害。最适宜的贮运温度,应控制在 13℃ ~ 15℃ 之间。在这样的温度范围,既能保持香蕉果实青绿,又能延缓其后熟作用。

新近研究表明,经 0℃ ~ 2℃ 冷激处理(冷空气处理)2.5 小时,可显著延缓香蕉的后熟软化过程,推迟香蕉果皮褪绿,抑制乙烯的形成和释放。进行冷激处理,还可显著抑制果实淀粉酶的活性和淀粉的降解,从而延缓果实的软化。

2.控制乙烯浓度

乙烯是一种催熟剂,香蕉果实在贮运中,如果遇上高温,会加快果实内乙烯的合成,促使果实呼吸高峰提早出现,使香蕉果实迅速变软和成熟,出现青熟现象。香蕉对乙烯非常敏感,只要贮藏环境存在极微量的乙烯(0.1 ~ 1毫克/升),就能启动香蕉内源乙烯的合成,引发呼吸高峰,缩短香蕉的前呼吸跃变期。为防止香蕉果实在贮运中过早成熟,在装有香蕉果实的纸箱或竹箩中,放入乙烯吸收剂(主要成分是高锰酸钾),让其吸收香蕉果实释放出的乙烯气体,即可降低果实内乙烯的含量,防止果实在贮运中早熟。

高锰酸钾具有很强的氧化作用。所以,应避免香蕉果实与其直接接触。使用时,可选择抗氧化力强的无纺布或涤纶布等制成小布袋,然后将包装好的高锰酸钾,放入已装好蕉果的箱中,并密封袋口,以防止漏气失效。在香蕉催熟时,必须打开塑料薄膜袋口

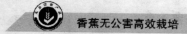

取出乙烯吸收剂,再进行催熟处理。

3.防止二氧化碳中毒

在香蕉长期的密封包装或气调贮藏中,由于呼吸作用,袋内的二氧化碳浓度积累到 10%~15%,氧气浓度则减少到 1% 以下,就会出现严重的二氧化碳中毒现象。其中毒症状近似冷害,其表现是,果皮青绿如常,由于无氧呼吸积累的乙醛和乙醇,果实催熟后果心硬实,失去芳香味,果肉呈粉状。高含量的二氧化碳还促进病原菌的侵染,造成冠腐和果实软化腐烂。香蕉在较低湿度下长时间贮运时,5%~10% 的二氧化碳也会引起香蕉中毒。因此,在香蕉贮藏过程中,要求有一定的通气,以防二氧化碳中毒。采用乙烯吸收剂和二氧化碳吸收剂,结合用聚乙烯膜进行包装,可降低包装内乙烯和二氧化碳的浓度,从而延缓香蕉果实成熟,防止二氧化碳中毒,使其保持较高的货架率。

4.加强运输保护

我国华南生产的香蕉,主要销往东北、华东、华北、华中以及西北地区的省、市,多数采用火车、汽车和船装运。在运输过程中,车厢内或船舱内最好能装置降温与防寒的设施,控制运输温度在 13℃~15℃ 之间。温度太高,蕉果呼吸作用加强,乙烯含量增加,导致香蕉果实青熟或黄熟;温度太低,则容易出现冷害。在高温的夏秋季长途运输时,如果没有降温条件,则应在包装箱内放入乙烯吸收剂,以降低或抑制乙烯释放量。在冬季,北运香蕉应注意预防冷害问题。在没有保温设施的情况下,应在车厢、船舱内四周铺设保温材料,并将车厢或船舱的门窗关闭,以保证车厢、船舱内温度稳定在 12℃~13℃ 之间。香蕉运到目的地后,应尽快将香蕉转入适宜温度的保鲜库内贮存。

(二)催熟技术

香蕉虽然在植株上可以自然成熟,但成熟期很不一致,不便于贮存和运输。所以,香蕉采收后,一般需要经过人工催熟才能食用。

1.香蕉催熟方法

(1)熏香催熟法　这种方法是中国民间传统的催熟法,目前在农村仍然有使用。具体的方法是,将落梳的蕉果放置在密封室内或大缸之中,选用7~8支不含硫黄的线香,分别插在一段无用的果轴上,然后点燃线香,将香蕉密闭2~3天才通气,直到香蕉果实自然成熟。这种方法是利用点燃线香产生的气体,促使香蕉果实成熟。线香的数量及密封的时间,主要是根据香蕉果实的数量、室内的容量,以及温度的高低来决定。在一般情况下,催熟室的香蕉数量较多,气温在25℃以上时,用线香的数量宜少些,密闭的时间宜短些。相反,催熟室的香蕉数量较少,气温在18℃~20℃时,用线香的数量宜多些,密闭的时间宜长些。

(2)乙烯催熟法　这种方法在美国和日本应用较多,在中国的应用正在逐渐增多。其做法是:将香蕉送进密闭室后,即通入乙烯气体催熟,乙烯气体的用量是催熟室体积的1/1 000,即1立方米的乙烯可催熟1 000立方米体积的香蕉。乙烯气体可分2~3次通入催熟室。密闭24小时后,开门换气一次。催熟室内的温度保持在20℃~25℃,催熟后的香蕉,色泽鲜黄美观。催熟室内温度偏高或过低,都会影响催熟的效果。

(3)乙烯利催熟法　这是中国普遍使用的方法。此法使用方便,不需特别设备即可进行。其做法是:将乙烯利的液体加水稀释后,用以浸果或喷果,然后将处理过的香蕉放置房内催熟。使用浓度一般为40%乙烯利400~800倍液,(即用40%乙烯利100毫升,加水至40升,便是400倍液,加水至80升时,便是800倍液)。乙烯利的使用浓度,因温度不同而异。在正常的情况下,温度较高,使用浓度宜低些;温度较低时,使用浓度宜高些。

2.催熟温度及湿度

(1)温度　温度的高低与催熟时间的长短密切相关。温度太低时,催熟时间延长,果皮变为灰黄色,缺乏光泽,着色不均匀。温度偏高时,催熟时间缩短。温度超过25℃,香蕉容易发生青熟,即果皮尚青,果肉却已软化,对果实的品质和外观产生不利的影响。所以,要获得鲜黄的、档次高的优质香蕉,就必须控制好催熟室内的温度,以室温15℃～20℃、果温16℃～22℃为适宜。台湾省的香蕉催熟温度是,先采用18℃～20℃催熟转色,之后再降低温度,使香蕉果实着色良好。香蕉催熟时间的长短,可根据市场销售情况,对温度进行调节。

(2)湿度　适宜的催熟湿度,可提高香蕉的品质和外观,有利于延长香蕉货架期。香蕉在催熟初期,催熟室内的相对湿度应保持在90%～95%。待香蕉开始转色后,可降低库内的湿度,以80%～85%为合适。湿度太低,果皮着色不良,没有光泽,外观欠佳。

在香蕉催熟中,除掌握好温度及湿度之外,还要注意香蕉在后熟期间果柄的断裂问题(即果柄与果身相连处出现断裂,果实脱落)。为防止香蕉果柄断裂,华南农业大学园艺系经过多年的研究,研制出"芳托"香蕉保鲜剂。在香蕉果梳采收后,即用"芳托"溶液喷果柄或涂果柄至果肩处,可有效防止果柄断裂,保持果柄青绿。

三、高档优质香蕉采后处理操作规程

香蕉要获得高档优质,除采收前重视栽培管理之外,采后处理也至关重要。采后处理,是香蕉丰产丰收的最后一道关键环节。如果采后处理欠妥,会直接影响香蕉的品质、产量及经济效益。所以,香蕉在采收、贮运及催熟过程中,必须执行以下操作规程:

第一,适时精细采收。根据果实销售市场的远近,参照果实饱满度标准,适时适熟采收。在采收和贮运过程中,香蕉果实的外皮要保持完好,避免机械伤,以免影响果实的外观。

第二,不带轴落梳。香蕉果穗运到加工场之后,采用不带轴落梳,用锋利的弧形刀,从蕉梳与果穗轴连接处切下。果梳切开后取走时不要落地。然后将果梳分级,淘汰不合格果梳。把合格的果梳放入清水池内洗涤,整个落梳过程果梳不着地,不碰撞,尽量避免机械伤。

第三,用清洁剂清洗果梳。香蕉落梳后,伤口的乳汁易污染果皮,应及时用0.6%的漂白粉或其它清洁剂,清洗伤口流出的蕉乳及果顶端的残花等,以保持果面洁净无尘埃。果梳经清水漂洗后,将其捞起,直接放到防腐药液池中进行处理。

第四,进行药物防腐保鲜处理。将果梳浸泡于特克多或施保功等防腐药液中0.5~1分钟,捞起晾干。然后再用华南农业大学"芳托"保鲜剂喷涂果柄至果肩处,以防止果梳断裂(脱把),延长香蕉的货架期。

第五,纸箱包装。将经药物处理过的合格果梳,放入已内衬好塑料薄膜的纸箱里,并在梳与梳之间隔垫薄的泡沫塑料纸,再放入乙烯吸收剂。然后密封塑料薄膜袋口,并封盖纸箱口。

第六,贮运。目前,我国香蕉销售,以长江以北的省、自治区、直辖市为主要市场。在香蕉的贮运过程中,温度应控制在13℃~15℃之间。在冬春季北运香蕉,更应注意预防冷害问题。在没有保温设备的条件下,要认真做好加温和保温工作。在夏秋高温季节运输,则应加大乙烯吸收剂用量,防止香蕉在贮运期间出现青熟。

第七,催熟。根据市场需求,分期分批地从贮存库取出香蕉催熟。如果香蕉包装箱放入乙烯吸收剂,则应先打开纸箱塑料薄膜袋口,取出乙烯吸收剂,然后再进行催熟处理,以温度及催熟剂浓度来调控香蕉的成熟时间。香蕉催熟处理至果实开始转黄时,即可批发出售。

四、营销中的无公害管理

香蕉的无公害营销管理,主要是做好采后处理、包装、贮藏、运输和销售工作,使营销中的每个环节都达到无公害的标准,从而保证香蕉安全营销目的的实现,使无公害香蕉,通过无公害的营销途径,完全优质地销售到消费者的手中。

(一)无公害采后处理与包装

1.采后无公害处理的药物选择

进行香蕉采后处理,要选用无毒、低残留、不伤害果面色泽与形态的药物。

2.香蕉的无公害包装

(1)无公害香蕉包装的作用　包装是香蕉商品化处理的最后程序,其作用是多方面的,主要如下:

①有利于香蕉的商品化和标准化　没有包装或低劣包装的香蕉,不可能成为名牌产品。往往是被认为次等货物或非正宗商品,在市场竞争中肯定要失败,经济效益要遭受较大的损失。

②有利于销售和宣传　便于消费者采购,也是宣传产品、推销产品,扩大无公害产品的影响,吸引消费者的积极媒介和载体。

③有利于贮运活动的顺利进行和安全保障　牢固的无公害包装,有利仓贮时的机械操作,能够充分利用仓贮空间和合理堆码。减少贮藏、运输和销售时的机械伤,保证果品安全。

④有利于无公害香蕉的质量保护　稳妥安全的无公害包装,可以防止果品受尘土或微生物的污染,减少病虫的侵入和蔓延,减少水分蒸发,避免外界温度剧烈变化时对果品的影响。保证果品

营销中有良好的稳定性、商品率和卫生质量。

(2)无公害香蕉包装的分类

①采收和田间运输的包装 采收和田间运输包装,以简易、牢固、不触伤香蕉为目的。在国内,大多用木箱、篓筐和塑料箱进行包装。在国外,还有的用帆布制成的底卸袋进行包装。为了避免果实触伤,需在篓筐、木箱内垫以衬布、纸等物,对香蕉加以保护。

②产品包装 产品包装要有广告载体作用,并趋向精美。包装内还应有小包装。包装材料大多是纸箱,也有聚乙烯塑料箱。

③运输包装 运输包装的大小,要与集装箱和库容相符合。包装件规格要标准化,重量要适应装卸需要和零售方便。

④销售包装 这就是内包装。实施新颖、精美、轻便的小包装,可以吸引和满足消费者的需要。以纸盒、纸袋为多。也有的为适应超市销售需要,采用低密度聚乙烯薄膜塑料袋、塑料网袋、用纸浆或发泡聚乙烯制作的水果模塑托盘等,作为销售的包装。

(3)无公害香蕉包装的要求 香蕉的无公害包装材料,要求质轻坚固,不易变形,能承受一定压力,有通透、防潮性能。而且要清洁无污染、无异味、无有害化学物质,价廉易得,美观卫生。

包装时应注意:①包装容器应大小适宜,堆放、搬运方便,易于回收处理。②包装内面要平整光滑,外面有清净感,并注明商标、品名、等级、重量、产地、特定标志及包装日期等。③包装前要进行预处理。果实要新鲜、清洁,无机械伤,无病虫害,无腐烂,并按包装标准进行分级。④包装时要避免风吹、日晒和雨淋,容器内要留有一定的空隙,以利于通风透气。

(二)无公害营销贮藏与运输

香蕉无公害贮藏的库房,要保证清洁,并要求无毒,无异味。

香蕉无公害运输,实际上有三个过程。一是从果园采后到贮藏库或包装场。这个过程,只要求运输工具无污染源,运输无颠簸,装卸不碰撞,不伤害果品就行。二是贮藏库或包装场的装卸和搬运,主要要求果品不被撞伤或压伤。三是运至销售单位或消费者,这就是销售运输,也应安全无污染。

销售运输有空运、水运和陆运三种方式。空运的速度快,但是费用昂贵。除急需的或名贵的果品外,一般不采用空运。水运的费用省,但速度慢,需时长。陆运有铁路和公路运输两种方式。由于公路运输具有装卸环节少、果品损伤率低、速度快等优点,因此,随着高速公路的飞速发展,它已成为运输香蕉的主要方式。

公路运输香蕉的用车,有平板拖卡(TOFC)和集装箱平板车(COFC)。这两种车都应有机械制冷系统、贮藏箱隔热绝缘、温度控制系统、空气交换系统和气调设备等,从而能使无公害香蕉生产的质量安全得到保障。

对无公害香蕉运输的要求有:工具要清洁卫生,不能与有毒、有害、有异味的物品混装;贮运期间要防晒、防雨、防冻、防高温;装卸时要轻装轻放。

(三)香蕉的无公害销售要求

香蕉无公害销售,包括国内销售和出口贸易两方面。

出口贸易就是运至国外销售。我国加入 WTO 以后,国际上对果品的绿色壁垒更加严峻,市场竞争十分激烈。对果品出口贸易中可预测和不可预测的障碍,要有足够的估计和对策,从而及时抓住机遇,充分利用机遇。对出口贸易的软、硬件方面,都要有深刻理解和充分准备。

在出口贸易的软件方面,主要有:①消费者的喜爱程度。如香蕉品种、成熟度与风味、果实大小和色泽等外观质量、包装、营养与安全性;②市场欢迎程度。如产品规格与标准、市场风尚、市场趋势、市场潜力与环境、市场处理方式、市场条款和销售安排等;③市场进入条件。如检疫及限制、配额要求、海关程序、质量标准和管理形式、包装和商标要求、关税和非关税障碍等；④进口者或中介服务的可靠性；⑤进口国的基本情况；⑥竞争对手的优势和劣势；⑦价格及利润的可能性等。

在出口贸易的硬件方面有：①交通及运输的设施的无公害条件及其无公害管理使用技术；②通讯设施及信息网络；③销售设施、方法和渠道等方面的无公害条件及无公害使用管理技术。

国内香蕉销售，除零售方式外，主要是通过中心批发市场，将产地香蕉批发到各地销售。中心批发市场，既是香蕉等果品的集散地，又是生产基地与消费市场的信息网络中心。

批发市场必须具备装卸、理货、产品展示、产品销售包装、产品处理、产品贮藏和废物处理的能力，以及金融服务、质检仲裁服务、客户的多功能服务等系列功能。

批发市场要有高素质的经营管理人才和技术人才，要有资金的保证，要有与国际市场接轨的能力。这样，才能将果品销售搞好。

国内香蕉批发和零售的各个环节、各种场所，同样都应按照无公害的标准和要求进行销售活动，以确保香蕉在所销售的过程中不被污染，使国内广大消费者能买到名副其实的无公害香蕉果品。

第八章　香蕉的无公害加工

香蕉加工产品,有糖水香蕉片罐头、香蕉片、香蕉脆片、香蕉酱、香蕉原计、香蕉饮料和香蕉果脯等多种。这些产品的无公害加工方法分别如下:

一、香蕉罐头与香蕉酱的制作

(一)糖水香蕉片罐头的制作

1.原料选择

香蕉的成熟度,是关系到糖水香蕉片罐头成品质量的至关重要的因素。香蕉过生,有酸涩味;香蕉过熟,易软烂,以至片形不整齐,汁液混浊不清。最佳的选择处理方法是:采收成熟度达九成熟的香蕉,在温室18℃左右条件下,用化学方法(电石法或乙烯法)或烟熏法催熟3～4天,以此香蕉为原料做罐头最好。此时香蕉皮呈黄色,略带小黑点。催熟的标准,可以以香蕉酸涩味的消失为度,酸涩味消失的当日或次日进行加工均可。

2.剥皮除丝络

用消毒过的清水冲洗已催熟的香蕉,然后剥去外皮。再用不锈钢小刀的尖端或竹夹子,将果肉外面的丝络挑除或夹去。操作时必须细心,务求除净,以防成品罐头中香蕉片周围呈现褐色或棕色的粗纤维,影响质量和外观。

3.切片及浸渍

用不锈钢刀或切片机,把除净丝络的果肉,横切成厚度为1厘米的香蕉片。切片后,立即投浸在浓度为50%的糖液中,在室温下浸渍 20 分钟,以防果肉氧化变黑。

4.热 处 理

用铝漏勺或不锈钢漏勺,将浸渍后的香蕉片捞出,置于 30% 的煮沸的糖液中,使之在 85℃~90℃的温度条件下保持 10 分钟。

5.配糖液

在夹层锅中煮沸 35 升清水,向其中加入 15 千克白砂糖,搅拌到砂糖完全溶解,并用折光仪测量糖度,校正到含糖量为 30%。再向糖液中加入 0.5% 的柠檬酸和少量维生素 C(保证每罐中维生素 C 的含量为 35 毫克),搅拌均匀后过滤,备用。

6.洗 瓶

将制作香蕉片罐头用的瓶子,用清水洗净,再用蒸汽消毒(100℃,20 分钟)。胶圈用水煮 5 分钟才能使用。

7.装 罐

用 500 克胜利瓶装,每瓶准确称量香蕉片果肉 300 克,糖水 205 克,总净重 505 克。

8.排 气

常采用加热排气法排气,排气温度为 90℃~95℃,时间为10~12 分钟,中心温度在 75℃以上。装罐后应尽快排气。

9.封 盖

排气后马上封盖,封盖后要进行封口检验,不合格的要及时剔除返工。

10.杀 菌

把封盖后的罐头,放入杀菌锅中。从水温升至 100℃起计算时间,30 分钟后停止加热。

11.冷 却

分三段冷却,以防玻璃破碎。冷却至罐身温度为 35℃~38℃时取出。

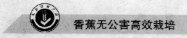

12. 擦　罐

用纱布擦罐,以防罐盖生锈,罐身受污染。

13. 成品处理

将擦净罐体的成品,按无公害要求进行检验,符合要求后将成品加以包装,然后入库贮存备售。

近来研究表明,以果胶抽出法生产香蕉片罐头为佳。将九成熟的香蕉去皮,横切成厚度为 1 厘米的香蕉片,放入 50% 的糖液中,在室温下浸渍 10~20 分钟后,捞出置于 30% 浓度的沸糖液中,于 85℃~95℃ 温度下保持 10 分钟,装罐,注入糖汁,在 90℃~95℃ 温度下排气 8~10 分钟,立即封口,进行巴氏杀菌,再放冷,装时要注意不可过满,以免压碎片形。

(二)香蕉酱的制作

1. 原料选择

选用成熟度稍高,颜色指数在 6~7 之间的香蕉为原料,剔除过生、过熟、有病虫害及腐烂的香蕉。也可用制作香蕉片罐头的余料生产香蕉酱。

2. 清　洗

将选择好的香蕉原料,用清水加以冲洗,使蕉果表面洁净无污物,为以后的工序创造条件。

3. 去　皮

剥去香蕉外皮,同时注意除去破皮烂肉。

4. 热　烫

整个香蕉在蒸汽或沸水中热烫至香蕉的中心温度达到 88℃,一般需要 6~8 分钟。热烫时间的确定,要考虑果个的大小。热烫的目的是杀灭果肉中酶的活性,防止变色。

5. 打　酱

将经过热烫处理的去皮香蕉送入打酱工序,打成糊状。在操作中,要注意使香蕉符合所要求的黏稠度。

6.调　配

向果酱中添加柠檬酸,调整果酱的 pH 值达 4.1～4.3,并向果酱中加糖,使果酱的可溶性固形物含量达到 60%～65%。

7.预　热

对加糖并调酸后的果酱进行加热,使其温度不低于 93℃。

8.装　罐

趁热将预热好的香蕉果酱装罐,然后予以密封。

9.倒置杀菌

倒置密封后的果酱罐 5 分钟,以达到杀菌的目的。

10.冷　却

用玻璃瓶装载的,需分三段冷却;用马口铁罐装载的,可直接快速冷却至 38℃。

11.成品处理

装罐果酱冷却至规定温度后,即为成品。擦净外表,经过检验,合格后即可进行包装,然后送入库中暂存待销。

值得注意的是,在整个操作过程中,各工序要尽可能快速完成,以保证产品的高质量。

二、香蕉片状制品的加工

(一)香蕉片的加工

1.原料选择

选用果皮呈黄色,果肉变软,有浓厚甜味和芳香味,达到食用成熟度的香蕉为原料。过生的香蕉需进行催熟处理后方可使用。选料中要剔除过熟、过软、腐烂、有病虫害的香蕉。常用于制作香蕉片的香蕉品种,有那龙蕉等。

2.清　洗

用清水冲洗选好的香蕉,使之表面洁净无污物。

3.去　皮

采用人工剥皮的方法,去除洗净香蕉的外皮,留取果肉待用。

4.切　分

把果肉纵切成两半。小的香蕉可不切分。

5.护　色

将切成两半的果肉,放于护色液中浸泡 8～10 分钟,进行护色处理。护色液的配方为:0.2%维生素 C＋0.5%氯化钠。

6.烘　烤

烘烤时,采用热风干燥方式,干燥温度为 65℃～70℃,时间为 18～20 小时。经过烘烤,使香蕉片成品的含水量下降至 16%～17%。

7.回　软

将成品放在室温下,并加以覆盖,放置 12 小时,以使成品的湿度均匀一致。

8.包　装

用聚乙烯塑料袋将香蕉片成品,按一定的重量标准,进行密封包装,使之便利销售和携带。

9.贮　藏

贮藏库内的环境条件,要符合安全无污染物的标准,要求所贮藏成品,在室温下贮藏半年以上,保持色、香、味不变。

在香蕉片加工中,如果采用热气—微波结合法进行干燥,则效果更好。具体做法是,在热气干燥完成得差不多,并且干燥进度慢下来时,再通过微波炉继续完成后一阶段的干燥过程。这样做,可以避免单纯进行热气干燥和微波干燥的一些不足之处,减少干燥时间,提高干燥效率。

(二)香蕉脆片的加工

1.原料选择

选料的要求,与做香蕉片时对原料的要求基本相同,要求原料要充分成熟,无病虫害,不腐烂,不过软。

2.清 洗

用清水洗净香蕉表面。

3.去 皮

剥去香蕉皮。

4.去丝络

用不锈钢小刀的尖端或竹夹子,将果肉外面的丝络挑除或拣去。

5.切 片

把已去除丝络的果肉横切成 0.5~1 厘米厚薄片。

6.配 拼

香蕉 10 份,奶粉 1 份,水 5 份。

7.浸 奶

先用水冲奶粉,搅匀,然后把香蕉片倒入其中,充分搅拌,以保证所有的香蕉片都能沾上奶。

8.烘 烤

把已搅拌好的香蕉片放在烘干器或烘房中,升温至 80℃~100℃,使香蕉片脱水,香蕉片含水在 16%~18% 时,即可停止加热,将香蕉片从容器中取出。为便于从加热容器中取出,可在容器底部涂些植物油。

9.油 炸

把经过烘烤的香蕉片放入 115℃~120℃ 的真空油炸锅中,炸至水分含量低于 2%。真空油炸锅内的真空度,应控制在 -0.08 兆帕以上。

10.分级包装

将油炸过的香蕉脆片中的碎片清除,按色泽及大小进行分级、包装,然后投放市场。

三、香蕉原汁与香蕉饮料的加工

(一)香蕉原汁的加工

1.原料选择

选用成熟度稍高,新鲜的香蕉为原料,剔除有病虫害及腐烂、过生的香蕉。

2.清　洗

用清水冲洗选好的香蕉,使其达到洁净无污物的要求。

3.去　皮

剥去香蕉皮,留取香蕉果肉备用。

4.热　烫

用100℃的蒸汽蒸煮香蕉果肉6~8分钟。

5.打　浆

把香蕉在含有亚硫酸盐的溶液中磨碎,得到香蕉浆液。

6.酶　处　理

用淀粉酶和复合果胶酶进行处理,可以提高出汁率,同时保持果汁良好的透光率。处理方法是,将果浆的温度调整到50℃~55℃,加入0.4%的淀粉酶,酶解30分钟。再将果浆温度降到40℃~45℃,加入0.015%~0.02%的复合果胶酶,酶解60分钟。然后,再将果浆的温度提高到85℃,进行灭酶处理。

7.过　滤

将酶处理后得到的香蕉汁,先用120目的筛网进行过滤,然后再用高速离心过滤机过滤,即可得到稳定的香蕉汁。

8. 装瓶、封盖、杀菌和冷却

将过滤所得香蕉汁,依次完成装瓶、封盖、杀菌和冷却的工艺过程,即可得到香蕉原汁产品。

最近有研究表明,采用乳清和过熟的香蕉汁,可以生产一种能被大众接受的发酵饮料。其为香蕉汁与乳清成 75∶25 比例的混合物,采用 K. fragilis 发酵法,发酵 96 小时后,可制成具有最佳的综合可接受度的饮料。其酒精含量、总可溶性固形物含量、总糖浓度和 pH 值,分别为 6.8%(V/V)、6%、3.98% 和 4.14。

(二)香蕉饮料的加工

1. 香蕉露酒的加工

香蕉露酒,是口感舒适的低醇饮料,能有效地保留原果汁的风味和营养。将香蕉原汁与酒基以 3∶1 的比例混合,然后调糖、调酸、下胶、澄清 5 天,滤取清酒液,封坛陈酿。半个月后,产品清晰透明,果香味纯。

2. 香蕉酒的加工

加入为香蕉果肉重 50% 的水、0.1% 的维生素 C、100~150 毫克/升的二氧化硫和 3% 果胶酶液,用捣碎机捣碎,静置 4~6 小时,调糖至 25%,调酸至 0.5%,添加 5% 果酒酵母种子液,于 28℃~30℃温度下发酵 5 天,压滤出新酒液,下胶澄清,补糖调度,封坛陈酿半个月。产品醇厚甘爽。对发酵压榨后分离出来的滤渣(含酒量为 8%~9%),采用蒸馏法进行处理,还可提取出香蕉白兰地酒。

此外,将蜂蜜与香蕉适当配比,采用连渣发酵法,可配制出有保健功能的香蕉蜂蜜酒。这种产品色泽金黄,具浓郁香蕉果香与蜜香,若以纯净水稀释 5~10 倍,其风味和外观都不发生变化,适宜男女老少饮用。

四、其它制品的加工

1.香蕉粉

取成熟的香蕉,切成小段,浸入 0.2%亚硫酸氢钠溶液中 10～15 分钟,取出后加入适量的水和抗氧化剂打浆,经筛孔为 1～2 毫米的过滤器过滤后,将其放在真空低温下进行干燥,然后磨成粉状即可。也可将香蕉浆液喷雾干燥制粉。

2.香蕉果脯

将七至八成熟的香蕉催熟后,剥皮除丝络,切成 0.5～1 厘米厚的薄片(沿轴向 30º角切片),迅速投入护色硬化液(配方为每升水中加 3 克焦亚硫酸钠、5 克氢氧化钙、2 克明矾、20 克食盐)中浸泡 1.5～2 小时。然后捞出,进行漂洗,再倒入 100℃沸水中热烫1～2 分钟。分三次进行糖渍。第一次,糖液浓度以 30%为佳,浸泡 4 小时。第二次,糖液浓度为 40%,浸泡 4 小时。第三次,调糖液浓度至 45%,继续浸泡 24 小时。然后,将香蕉片沥干糖液,放在60℃～70℃的条件下,烘干至不粘手即可。

附录一　NY 5021—2001　无公害食品　香蕉

前　言

本标准由中华人民共和国农业部提出。

本标准起草单位:农业部热带农产品质量监督检验测试中心、广东省农业厅种植业管理处。

本标准主要起草人:刘洪升、袁宏球、谢德芳、章程辉、曾莲、汤建彪。

无公害食品　香蕉

1　范　围

本标准规定了无公害食品香蕉的要求、试验方法、检验规则、包装、标志、贮存和运输等。

本标准适用于无公害食品香蕉的收购与销售。

2　规范性引用文件

下列文件中的条款通过本标准的引用而成为本标准的条款。凡是注日期的引用文件,其随后所有的修改单(不包括勘误的内容)或修订版均不适用于本标准,然而,鼓励根据本标准达成协议的各方研究是否可使用这些文件的最新版本。凡是不注日期的引用文件,其最新版本适用于本标准。

GB/T 5009.11　食品中总砷的测定方法

GB/T 5009.12　食品中铅的测定方法

GB/T 5009.13　食品中铜的测定方法

GB/T 5009.15　食品中镉的测定方法

GB/T 5009.17　食品中总汞的测定方法

GB/T 5009.18　食品中氟的测定方法

GB/T 5009.20　食品中有机磷农药残留量的测定方法

GB 7718　食品标签通用标准

GB/T 8855　新鲜水果和蔬菜的取样方法

GB/T 9827-1988　香蕉

GB 14876　食品中甲胺磷和乙酰甲胺磷农药残留量的测定方法

GB 14877　食品中氨基甲酸酯类农药残留量的测定方法

GB 14928.7-1994　稻谷中呋喃丹最大残留限量标准

GB/T 14929.1　食品中地亚农(二嗪农)残留量测定方法

GB/T 14929.4　食品中氯氰菊酯、氰戊菊酯和溴氰菊酯残留量测定方法

GB/T 14962　食品中铬的测定方法

GB/T 17332　食品中有机氯和拟除虫菊酯类农药多种残留的测定

3　术语和定义

GB 9827-1988 中 3.1～3.19 适用于本标准。

4　要　求

4.1　基本要求

应符合 GB/T 9827 规定的合格品质量要求。

4.2　安全卫生指标

无公害食品香蕉安全卫生指标应符合表 1 要求。

表 1　无公害食品香蕉安全卫生指标

项　　目	指　　标 mg/kg
砷(以 As 计)	≤0.5
汞(以 Hg 计)	≤0.01
铅(以 Pb 计)	≤0.2
铬(以 Cr 计)	≤0.5
镉(以 Cd 计)	≤0.03
氟(以 F 计)	≤0.5
铜(以 Cu 计)	≤10
乐果(dimethoate)	≤1
甲拌磷(phorate)	不得检出
克百威(carbofuran)ª	不得检出

续表 1

项 目	指 标 mg/kg
氰戊菊酯（fenvalerate）	≤0.2
敌百虫（trichlorfon）	≤0.1
甲胺磷（methami-dophos）	不得检出
六六六（HCH）	≤0.2
滴滴涕（DDT）	≤0.1
倍硫磷（fenthion）	≤0.05
对硫磷（parathion）	不得检出
敌敌畏（dichlorvos）	≤0.2
溴氰菊酯（tralocythrin）	≤0.1
乙酰甲胺磷（acephate）	≤0.5
二嗪农（diazinon）	≤0.5

ª克百威为 GB 14928.7-1994 中呋喃丹的通用名

5 试验方法

5.1 基本要求

规格等级指标检验按照 GB/T 9827 规定执行。

5.2 安全卫生指标检验

5.2.1 砷的测定

按照 GB/T 5009.11 规定执行。

5.2.2 铅的测定

按照 GB/T 5009.12 规定执行。

5.2.3 铜的测定

按照 GB/T 5009.13 规定执行。

5.2.4　镉的测定

按照 GB/T 5009.15 规定执行。

5.2.5　汞的测定

按照 GB/T 5009.17 规定执行。

5.2.6　氟的测定

按照 GB/T 5009.18 规定执行。

5.2.7　铬的测定

按照 GB/T 14962 规定执行。

5.2.8　六六六、滴滴涕的测定

按照 GB/T 17332 规定执行。

5.2.9　氯氰菊酯、氰戊菊酯的测定

按照 GB/T 14929.4 规定执行。

5.2.10　克百威的测定

按照 GB 14877 规定执行。

5.2.11　甲胺磷、乙酰甲胺磷的测定

按照 GB 14876 规定执行。

5.2.12　敌敌畏、甲拌磷、乐果、倍硫磷、对硫磷、敌百虫的测定

按照 GB/T 5009.20 规定执行。

5.2.13　二嗪农的测定

按照 GB/T 14929.1 规定执行。

6　检验规则

6.1　组　批

同产地、同品种、同等级、同批收购的香蕉作为一个检验批次。

6.2　抽样方法

按照 GB/T 8855 规定执行。

6.3　型式检验

型式检验是对产品进行全面考核,即对本标准规定的全部要求(指标)进行检验。有下列情形之一者应进行型式检验:

a)申请无公害食品标志或无公害食品年度抽查检验;

b)前后两次抽样检验结果差异较大;

c)因人为或自然因素使生产环境发生较大变化;

d)国家质量监督机构或主管部门提出型式检验要求。

6.4 交收检验

每批产品交收前,生产单位都应进行交收检验。交收检验内容包括感官、包装和标志,检验合格并附合格证方可交收。

6.5 判定规则

按本标准进行测定,测定结果符合本标准要求的,则判该批次产品为合格产品;卫生指标有一项指标不合格,则应重复加倍抽样一次复检,如仍不合格,则判该批产品为不合格;标志不合格,则判该批产品为不合格。

7 标 志

标志应符合 GB 7718 的规定,包装物上应有明显的无公害食品专用标志。

8 包装、运转、贮存

8.1 包 装

包装物应清洁、牢固、无毒、无污染、无异味,包装物应符合国家有关标准和规定;特殊情况按贸易双方合同规定执行。

8.2 贮存、运输

8.2.1 贮存场地要求:清洁、阴凉通风,有防晒、防雨设施或制冷设施,库温尽可能控制在 13℃~15℃。不得与有毒、有异味的物品或可释放乙烯的水果混存。

8.2.2 应分种类、等级堆放,应批次分明,堆码整齐、层数不宜过多。堆放和装卸时要轻搬轻放。

8.2.3 运输工具应清洁,有防晒、防雨和通风设施或制冷设施。

8.2.4 运输过程中不得与其他水果、有毒物质、有害物质混运,小心装卸,严禁重压。

8.2.5 到达目的地后,应尽快卸货人库或立即分发销售或加工。

(此为中华人民共和国农业部 2001 年 9 月 3 日发布的中华人民共和国农业行业标准,2001 年 10 月 1 日起实施)

附录二　NY/T 5022—2001　无公害食品香蕉生产技术规程

前　言

本标准由中华人民共和国农业部提出。

本标准起草单位:中国热带农业科学院热带园艺研究所。

本标准主要起草人:李绍鹏、陈业渊、蔡胜忠、魏守兴、左萱、吴道卿、卢业凌。

无公害食品　香蕉生产技术规程

1　范　围

本标准规定了无公害食品香蕉(*Musa* SPP.)基地选择和规划、栽植、土壤管理、施肥管理、水分管理、树体管理、病虫害防治和果实采收等技术。

本标准适用于无公害香蕉的生产。

2　规范性引用文件

下列文件中的条款通过本标准的引用而成为本标准的条款。凡是注日期的引用文件,其随后所有的修改单(不包括勘误的内容)或修订版均不适用于本标准。然而,鼓励根据本标准达成协议的各方研究是否可使用这些文件的最新版本。凡是不注日期的引用文件,其最新版本适用于本标准。

GB 4284　农用污泥中污染物控制标准

GB 4285　农药安全使用标准

GB 8172　城镇垃圾农用控制标准

GB/T 8321(所有部分)　农药合理使用准则

NY/T 357　香蕉　组培苗

NY 5021　无公害食品　香蕉

NY 5023　无公害食品　香蕉产地环境条件

3 基地选择和规划

3.1 基地选择

按 NY 5023 的有关规定执行外,宜选择有机质丰富、保水保肥力强、排水良好的土壤建园,而前作为茄科、葫芦科等蔬菜地不宜选用,地下水位无法降至 ≥50cm 的地段也不宜选用。

3.2 园地规划

3.2.1 蕉园小区(林段)大小以 3hm² ~ 7hm² 为宜,其周围宜营造防护林带,所用树种不应与香蕉具有相同的主要病虫害,林缘距 5m ~ 6m。

3.2.2 设立完善的排灌和道路系统。

3.2.3 蕉园周围不宜种植茄科、葫芦科等蔬菜作物。

3.2.4 选择适合当地的香蕉优良品种。

4 栽 植

4.1 种植前深翻土壤 20cm ~ 30cm,并暴晒 20 天 ~ 30 天后施足有机肥。

4.2 宜选用香蕉组培苗作种植材料,组培苗质量应符合 NY/T 357 的规定。

4.3 推荐种植密度为中秆香蕉品种 130 株/666.7m² ~ 170 株/666.7m²。在水田种植宜较密,在坡地种植宜较疏;种植矮秆品种宜较密,种植高秆品种宜较疏。

4.4 可春植、夏植或秋植,不宜冬植。

4.5 植后淋足定根水。

5 土壤管理

5.1 土壤覆盖

植后初期,宜用稻草等植物残秆或塑料薄膜覆盖畦面。

5.2 除草

植后初期(组培苗植后头 3 个月内)植畦上如有杂草,应及时人工除净杂草,但不宜使用除草剂;中期以后(组培苗种植 4 个月后)可进行机械除草或使用本标准推荐使用的化学除草剂防除(见 9.5.1.3)。使用除草剂时勿喷到蕉叶。在香蕉抽蕾后至采收前应停止使用化学除草剂。

植后初期可适当间作花生等豆科短期作物,但不宜间作与香蕉共同病虫害的作物,如茄科、葫芦科等蔬菜作物。

6 施肥管理

6.1 宜采用平衡施肥和营养诊断施肥,推荐肥料施用比例为氮(N):磷

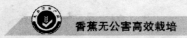

（P$_2$O$_5$）：钾（K$_2$O）= 1：0.5～0.6：2.0～3.0，施肥量为每年每公顷氮肥（N）1 320
千克，磷肥（P$_2$O$_5$）396千克～920千克，钾肥（K$_2$O）2 640千克～3 960千克。

6.2 宜配合施用有机肥、化肥和微生物肥。农家肥应经充分腐熟后才能使用。

6.3 选用推荐使用的肥料种类（见表1），不应使用硝态氮肥。

表1　无公害食品香蕉生产推荐允许使用的肥料种类

肥料种类	名　　称	简　　介
有机肥料	1. 堆　肥	以各类秸秆，落叶，人、畜粪便堆积而成
	2. 沤　肥	堆肥的原料在水淹的条件下进行发酵而成
	3. 厩　肥	猪、羊、牛、鸡、鸭等禽畜的粪尿与秸秆垫料堆成
	4. 绿　肥	栽培或野生的绿色植物体作肥料
	5. 沼气肥	沼气液或残渣
	6. 秸　秆	作物秸秆
	7. 泥　肥	未经污染的河泥、塘泥、沟泥等
	8. 饼　肥	菜籽饼、棉籽饼、芝麻饼、茶籽饼、花生饼、豆饼等
	9. 灰　肥	草木灰、火炭、稻草灰、糠灰等
商品肥料	1. 商品有机肥	以生物物质、动植物残体、排泄物、废原料加工制成
	2. 腐殖酸类肥料	甘蔗滤泥、泥炭土等含腐殖酸类物质的肥料、环亚氨基酸等
	3. 微生物肥料	
	根瘤菌肥料	能在豆科植物上形成根瘤的根瘤菌剂
	固氮菌肥料	含有自身固氮菌、联合固氮菌剂的肥料
	磷细菌肥料	含有磷细菌、解磷真菌、菌根菌剂的肥料
	硅酸盐细菌肥料	含有硅酸盐细菌、其他解钾微生物制剂

续表1

肥料种类	名 称	简 介
商品肥料	复合微生物肥料	含有二种以上有益微生物,它们之间互不拮抗的微生物制剂
	4.有机-无机复合肥	以有机物质和少量无机物质复合而成的肥料如畜禽粪便加入适量锰、锌、硼等微量元素制成
	5.无机肥料	
	氮 肥	尿素、氯化铵
	磷 肥	过磷酸钙、钙镁磷肥、磷矿粉
	钾 肥	氯化钾、硫酸钾
	钙 肥	生石灰、石灰石、白云石灰
	镁 肥	钙镁磷肥
	复合肥	二元、三元复合肥
	6.叶面肥	
	生长辅助类	青丰可得、云苔素、万得福、绿丰宝、爱多收、迦姆丰收、施尔得、云大120、2116、奥普尔、高美施、惠满丰等
	微量元素类	含有铜、铁、锰、锌、硼、钼等微量元素及磷酸二氢钾、尿素、氯化钾等配置的肥料
其它肥料	海 肥	不含防腐剂的鱼渣、虾渣、贝蚧类等
	动物杂肥	不含防腐剂的牛羊毛废料、骨粉、家畜加工废料等

6.4 不应使用含重金属和有害物质的城市生活垃圾、污泥、医院的粪便垃圾和工业垃圾。城镇垃圾要经过无害化处理后,达到 GB 8172 规定的标准后才能施用,所施用的污泥应符合 GB 4284 的规定。

6.5 不应使用未经国家有关部门批准登记和生产的肥料(包括叶面肥)。

6.6 应在采果前 40 天停用土壤追肥,在采果前 30 天停用叶面肥。

7 水分管理

7.1 应及时排除园内积水。

7.2 当土壤田间持水量≤75%时应及时灌水,抽蕾期需水量大,更应加强灌水,但采果前 7 天~10 天宜停止灌水。

7.3 蕉园的灌溉水质量应符合 NY 5023 的有关规定。

8 树体管理

8.1 套 袋

8.1.1 抽蕾后 2 周内套袋。

8.1.2 选用透气、透光良好而不透水的无纺布袋(不用打孔)或打孔的浅蓝色 PE 薄膜袋(厚 0.02mm~0.03mm)等。

8.1.3 套袋前对果穗喷施一次防治香蕉黑星病的杀菌剂(见表 2)和防治香蕉花蓟马的杀虫剂(见表 3)。

8.2 断 蕾

雌花开放完毕,待若干中性花和雄花花苞开放后,即进行断蕾,断口距末梳小果长约 12cm。

8.3 搞好蕉园田间卫生

及时割除植株上枯叶及受病虫危害严重的叶片(黄化或干枯二分之一以上的叶片),并清理出蕉园进行深埋或烧毁。

9 病虫害防治

9.1 防治原则

贯彻"预防为主,综合防治"的植保方针,以改善蕉园生态环境,加强栽培管理为基础,综合应用各种防治措施,优先采用农业防治、生物防治和物理防治措施,配合使用高效、低毒、低残留农药,不用高毒、高残留的化学农药,保证香蕉质量符合 NY 5021 的规定。

9.2 农业防治

9.2.1 因地制宜选用抗病虫能力强的优良品种。

9.2.2 加强土肥水管理,促进植株苗壮成长,提高其抗病虫害能力。

9.2.3 实行水旱轮作(如与水稻或莲藕等轮作),或与香蕉亲缘关系较远的作物如甘蔗、花生等轮作制度,以减少病源虫源。但不得与蔬菜轮作。

表 2　香蕉病害防治

病害名称	危害部位	药剂防治		其它防治方法
		推荐农药种类与浓度	使用方法	
香蕉叶斑病	叶片	25%敌力脱乳油1000～1500倍液 50%多菌灵可湿性粉剂800倍液 70%甲基托布津可湿性粉剂800倍液 40%灭病威悬浮剂400～800倍液 77%氢氧化铜可湿性粉剂1000～1200倍液 75%百菌清可湿性粉剂800～1000倍液	喷洒叶片	合理密植,但勿过密;加强肥水管理,不偏施氮肥;及时排除蕉园积水;及时割除吸芽、枯叶和病叶,除净杂草,使蕉园内通风透光
香蕉黑星病	叶片、果实	75%百菌清可湿性粉剂800倍液 50%多菌灵可湿性粉剂800倍液	抽蕾后开包前喷洒花蕾蕾及其附近叶片	加强管理,提高抗病能力;对果实套袋
香蕉花叶心腐病	叶片、假茎、果实	10%吡虫啉可湿性粉剂3000～4000倍液 40%乐果乳油1000～1500倍液 50%抗蚜威可湿性粉剂1000～1200倍液 2.5%溴氰菊酯乳油2500～3000倍液 2.5%氯氟氰菊酯乳油1500～2000倍液 44%多虫清乳油1000～1500倍液 5%鱼藤铜乳油1000～1500倍液	定期喷洒杀蚜剂,消灭传播媒介	选用无病健康组培苗,不从病区调用;用吸芽苗作种苗;保持园内清洁,及时清除杂草时铲除病株,并集中烧毁;加强肥水管理,不偏施氮肥;与甘蔗、水稻、大豆或花生等作物轮作

续表2

病害名称	危害部位	药剂防治		其它防治方法
		推荐农药种类与浓度	使用方法	
香蕉束顶病	叶片、假茎、果实	10%吡虫啉可湿性粉剂3000~4000倍液 40%乐果乳油1000~1500倍液 50%抗蚜威可湿性粉剂1000~1200倍液 2.5%氯氟氰菊酯乳油2500~3000倍液 2.5%溴氰菊酯乳油1500~2000倍液 44%多虫清乳油1000~1500倍液 5%鱼藤铜乳油	定期喷洒杀蚜剂消灭传播媒介	选用无病健康组培苗,不从病区调用;用吸芽苗作种苗;保持园内清洁,及时清除杂草;及时铲除病株,并集中烧毁;加强肥水管理,不偏施氮肥;与甘蔗、水稻、大豆或生花生等作物轮作
香蕉炭疽病	果实、假茎	2%农抗120水剂200倍液 50%多菌灵可湿性粉剂500~800倍液 50%施保功可湿性粉剂1000倍液 75%百菌清可湿性粉剂800~1000倍液	抽蕾时开始对花穗和小果喷洒	对果实套袋
香蕉根线虫病	根系	3%米乐尔5000g/667m²	定期进行土壤消毒	选用无病健康组培苗,加强肥水管理;与甘蔗、水稻、大豆或花生等作物轮作;植前翻耕土壤,并充分晒白

表3 香蕉虫害防治

虫害名称	危 害	药剂防治		其它防治方法
		推荐农药种类与浓度	使用方法	
香蕉交脉蚜	主要传播束顶病、花叶心腐病	10%吡虫啉可湿性粉剂 3000~4000 倍液 40%乐果乳油 1000~1500 倍液 50%抗蚜威可湿性粉剂 1000~1200 倍液 2.5%氯氟氰菊酯乳油 2500~3000 倍液 2.5%溴氰菊酯乳油 2500~5000 倍液 44%多虫清乳油 1500~2000 倍液 5%鱼藤酮乳油 1000~1500 倍液	重点对香蕉心叶、幼株、成株把头处定期进行喷洒	采用不带蚜虫的组培苗
香蕉花蓟马	使果实表皮粗糙	5%鱼藤酮乳油 1000~1500 倍液 10%吡虫啉可湿性粉剂 3000~4000 倍液 40%毒死蜱乳油 1000~2000 倍液	现蕾时至断蕾时喷洒	加强水肥管理，促使花蕾迅速张开，缩短受害期
香蕉弄蝶（卷叶虫）	卷食叶片，减少叶面积	40%毒死蜱乳油 1000~2000 倍液 苏云金杆菌粉剂（含活芽胞100亿个/克）500~1000 倍液 5%伏虫隆乳油 1500~2000 倍液 10%吡虫啉可湿性粉剂 3000~4000 倍液 80%敌百虫可湿性粉剂或晶体 500~800 倍液 2.5%氯氟氰菊酯乳油 2500~3000 倍液	喷洒叶片	摘除虫苞；冬季清园，将园内干叶集中烧毁

续表 3

虫害名称	危害	药剂防治		其它防治方法
		推荐农药种类与浓度	使用方法	
香蕉假茎象甲虫	幼虫蛀食假茎叶柄、花轴	98%杀螟丹可湿性粉剂 5000 倍液 18%杀虫双水剂 1800～2000 倍液 48%毒死蜱乳油 1000～2000 倍液	喷洒	选用无害的组培苗;钩杀蛀道中的幼虫;经常清园,挖除旧蕉头,集中烧毁
香蕉球茎象鼻虫	幼虫蛀食球茎	50%辛硫磷乳油 1000～1500 倍液	定植时施入植穴中	选用无害的组培苗;挖除旧蕉头,集中烧毁
香蕉网蝽	若虫吸食叶片汁液	48%毒死蜱乳油 1000～2000 倍液 40%乐果乳油 1000～1500 倍液 80%敌敌畏乳油 800～1000 倍液 80%敌百虫可湿性粉剂或晶体 500～800 倍液	喷洒	及时清除严重受害叶,并集中烧毁或深埋

续表 3

虫害名称	危害	药剂防治		其它防治方法
		推荐农药种类与浓度	使用方法	
香蕉斜纹夜蛾	幼虫咬食幼嫩心叶	5%鱼藤精乳油 1000~1500 倍液 25%灭幼脲胶悬剂 1500~2000 倍液 5%伏虫隆乳油 1500~2000 倍液 20%菁戊菊酯乳油 2500~3000 倍液 2.5%氯氰菊酯乳油 2500~3000 倍液 80%敌百虫可湿性粉剂或晶体 500~800 倍液	喷洒	
香蕉叶螨	吸食叶片汁液	10%浏阳霉素乳油 1000~2000 倍液 0.2%苦参碱乳剂 200~300 倍液 15%速螨酮乳油 1500~2000 倍液 73%克螨特乳油 2000~3000 倍液 5%噻螨酮乳油 1500~2000 倍液	喷洒	

9.2.4 控制杂草生长,并保持蕉园田间卫生。

9.2.5 及时清除园内花叶心腐病或束顶病的病株,在清除之前宜先对病株喷一次杀蚜剂(表3)

9.3 物理机械防治

9.3.1 使用诱虫灯诱杀夜间活动的昆虫。

9.3.2 利用黄色板、蓝色板和白色板等诱杀害虫。

9.3.3 采用果实套袋技术。

9.4 生物防治

9.4.1 优先使用微生物源、植物源生物农药。

9.4.2 选用对捕食螨、食螨蝇和食螨瓢虫等天敌杀伤力小的杀虫剂。

9.4.3 人工释放捕食螨等天敌。

9.5 农药使用准则

9.5.1 宜使用植物源杀虫剂、微生物源杀虫杀菌剂、昆虫生长调节剂、矿物源杀虫杀菌剂以及低毒低残留农药。

9.5.1.1 杀虫剂:浏阳霉素、伏虫隆、敌百虫、多虫清、鱼藤酮、苏云金杆菌、除虫菊、苦参碱、印楝素、灭幼脲、除虫脲、吡虫啉、辛硫磷、克螨特、噻螨酮等。

9.5.1.2 杀菌剂:敌力脱、菌毒清、农抗120、氢氧化铜、王铜、波尔多液、代森锰锌、多菌灵、百菌清、灭病威、施保功、施保克、溴菌腈、三唑酮、噻菌灵、异菌脲、甲基托布津等。

9.5.1.3 除草剂:草甘膦、百草枯等。

9.5.1.4 植物生长调节剂:赤霉素、6-苄基嘌呤等。

9.5.2 限用中等毒性有机农药:毒死蜱、杀螟丹、乐果、抗蚜威、氰戊菊酯、氯氰菊酯、顺式氯氰菊酯、糠氰菊酯、敌敌畏、氯氟氰菊酯、甲氰菊酯、速螨酮、米乐尔、杀虫双等。

9.5.3 不应使用未经国家有关部门登记和许可生产的农药。

9.5.4 不应使用剧毒、高毒、高残留或具有"三致"的农药(见表4)。

表4 无公害香蕉生产中不应使用的化学农药种类

农药种类	农药名称	禁止原因
无机砷杀虫剂	砷酸钙、砷酸铅	高毒
有机砷杀菌剂	甲基胂酸锌、甲基胂酸铁铵(田安)、福美甲胂、福美胂	高残留
有机锡杀菌剂	薯瘟锡(三苯基醋酸锡)、三苯基氯化锡、毒菌锡、氯化锡	高残留
有机汞杀菌剂	氯化乙基汞(西力生)、醋酸苯汞(赛力散)	高毒、高残留
有机杂环类	敌枯双	致畸
氟制剂	氟化钙、氟化钠、氟乙酸钠、氟乙酰胺、氟硅酸钠、氟脘酸钠	剧毒、高毒、易药害
有机氯杀虫剂	DDT、六六六、林凡、艾氏剂、狄氏剂、氯丹	高残留
卤代烷类熏蒸杀虫剂	二溴乙烷、二溴氯丙烷	致癌、致畸
有机磷杀虫剂	甲拌磷(3911)、久效磷(纽瓦克、铃杀)、对硫磷(1605)、甲基对硫磷(甲基1605)、甲胺磷(多灭磷)、氧化乐果、丁硫磷(特丁磷)、水胺硫磷(羧胺磷)、磷胺、甲基异柳磷、地虫硫磷(大风雷、地虫磷)	剧毒、高毒
氨基甲酯杀虫剂	克百威(呋喃丹、大扶农)、涕灭威、灭多威	高毒
二甲基脒类杀虫杀螨剂	杀虫脒	慢性毒性致癌
取代苯类杀虫杀菌	五氯酚钠(五氯苯酚)	高毒

续表4

农 药 种 类	农 药 名 称	禁 止 原 因
二苯醚类除草剂	除草醚、草枯醚	慢性毒性
植物生长调节剂	比久（B₉）、2,4-D	致　癌

9.5.5 参照 GB 4285、GB/T 8321 中有关的农药使用准则和规定，严格掌握施用剂量、每季使用次数、施药方法和安全间隔期。对标准中未规定的农药严格按照农药说明书中规定的使用浓度范围和倍数，不得随意加大剂量和浓度。对限制使用的中毒性农药应针对不同病虫害使用其浓度范围中的下限。

9.5.6 宜不同类型农药交替使用。

9.5.7 掌握病虫害的发生规律和不同农药的持效期，选择合适的农药种类，最佳防治时期，高效施药技术，达到最佳效果。同时了解农药毒性，使用选择性农药，减少对人、畜、天敌的毒害以及对产品和环境的污染。

9.5.8 对限制使用的农药最后一次用药距采收间隔期应在 30 天以上，对允许使用的农药最后一次用药距采收间隔期应在 25 天以上。

9.6　香蕉病虫害防治

9.6.1　香蕉病害防治

香蕉病害主要有香蕉叶斑病、束顶病、花叶心腐病、黑星病、炭疽病、根线虫病等，其防治技术见表2。

9.6.2　香蕉虫害防治

香蕉虫害主要有香蕉交脉蚜、弄蝶、网蝽、花蓟马、假茎象鼻虫、球茎象鼻虫、斜纹夜蛾和叶螨等，其防治技术见表3。

10　果实采收

10.1 根据果实用途、市场、采收时期和贮运条件等综合确定采收适期，作为鲜果销售的采收成熟度以 7 成～8 成为宜，不宜过熟采收。

10.2 应进行无伤采果，整个采收过程中严防机械损伤。

（此为中华人民共和国农业部 2001 年 9 月 3 日发布的中华人民共和国农业行业标准，同年 10 月 1 日起实施）

附录三　国家明令禁止使用和限制使用的农药

一、国家明令禁止使用的农药

六六六(HCH),滴滴涕(DDT),毒杀芬(camphechlor),二溴氯丙烷(dibromochloropane),杀虫脒(chlordimeform),二溴乙烷(EDB),除草醚(nitrofen),艾氏剂(aldrin),狄氏剂(dieldrin),汞制剂(Mercury compounds),砷(arsena)、铅(acetate)类,敌枯双,氟乙酰胺(fluoroacetamide),甘氟(gliftor),毒鼠强(tetramine),氟乙酸钠(sodium fluoroacetate),毒鼠硅(silatrane)。

二、在蔬菜、果树、茶叶、中草药材上不得使用和限制使用的农药

甲胺磷(methamidophos),甲基对硫磷(parathion - methyl),对硫磷(parathion),久效磷(monocrotophos),磷胺(phosphamidon),甲拌磷(phorate),甲基异柳磷(isofenphosmethyl),特丁硫磷(terbufos),甲基硫环磷(phosfolanmethyl),治螟磷(sulfotep),内吸磷(demeton),克百威(carbofuran),涕灭威(aldicarb),灭线磷(ethoprophos),硫环磷(phosfolan),蝇毒磷(coumaphos),地虫硫磷(fonofos),氯唑磷(isazofos),苯线磷(fenamiphos)19 种高毒农药不得用于蔬菜、果树、茶叶、中草药材上。三氯杀螨醇(dicofol),氰戊菊酯(fenvalerate)不得用于茶树上。任何农药产品都不得超出农药登记批准的使用范围使用。

各级农业部门要加大对高毒农药的监管力度,按照《农药管理条例》的有关规定,对违法生产、经营国家明令禁止使用的农药的行为,以及违法在果树、蔬菜、茶叶、中草药材上使用不得使用或限用农药的行为,予以严厉打击。各地要做好宣传教育工作,引导农药生产者、经营者和使用者,生产、推广和使用安全、高效、经济的农药,促进农药品种结构调整步伐,促进无公害农产品生产发展。

(资料来源于 2002 年中华人民共和国农业部公告第 199 号)

附录四　无公害农产品管理办法

（农业部、国家质量监督检验检疫总局第 12 号令,2002 年 4 月 29 日发布执行）

第一章　总　则

第一条　为加强对无公害农产品的管理,维护消费者权益,提高农产品质量,保护农业生态环境,促进农业可持续发展,制定本办法。

第二条　本办法所称无公害农产品,是指产地环境、生产过程和产品质量符合国家有关标准和规范的要求,经认证合格获得认证证书并允许使用无公害农产品标志的未经加工或者初加工的食用农产品。

第三条　无公害农产品管理工作,由政府推动,并实行产地认定和产品认证的工作模式。

第四条　在中华人民共和国境内从事无公害农产品生产、产地认定、产品认证和监督管理等活动,适用本办法。

第五条　全国无公害农产品的管理及质量监督工作,由农业部门、国家质量监督检验检疫部门和国家认证认可监督管理委员会按照"三定"方案赋予的职责和国务院的有关规定,分工负责,共同做好工作。

第六条　各级农业行政主管部门和质量监督检验检疫部门应当在政策、资金、技术等方面扶持无公害农产品的发展,组织无公害农产品新技术的研究、开发和推广。

第七条　国家鼓励生产单位和个人申请无公害农产品产地认定和产品认证。实施无公害农产品认证的产品范围由农业部、国家认证认可监督管理委员会共同确定、调整。

第八条　国家适时推行强制性无公害农产品认证制度。

第二章　产地条件与生产管理

第九条　无公害农产品产地应当符合下列条件:

（一）产地环境符合无公害农产品产地环境的标准要求;

（二）区域范围明确；

（三）具备一定的生产规模。

第十条　无公害农产品的生产管理应当符合下列条件：

（一）生产过程符合无公害农产品生产技术的标准要求；

（二）有相应的专业技术和管理人员；

（三）有完善的质量控制措施，并有完整的生产和销售记录档案。

第十一条　从事无公害农产品生产的单位或者个人，应当严格按规定使用农业投入品。禁止使用国家禁用、淘汰的农业投入品。

第十二条　无公害农产品产地应当树立标示牌，标明范围、产品品种、责任人。

第三章　产地认定

第十三条　省级农业行政主管部门根据本办法的规定负责组织实施本辖区内无公害农产品产地的认定工作。

第十四条　申请无公害农产品产地认定的单位或者个人（以下简称申请人），应当向县级农业行政主管部门提交书面申请，书面申请应当包括以下内容：

（一）申请人的姓名（名称）、地址、电话号码；

（二）产地的区域范围、生产规模；

（三）无公害农产品生产计划；

（四）产地环境说明；

（五）无公害农产品质量控制措施；

（六）有关专业技术和管理人员的资质证明材料；

（七）保证执行无公害农产品标准和规范的声明；

（八）其他有关材料。

第十五条　县级农业行政主管部门自收到申请之日起，在 10 个工作日内完成对申请材料的初审工作。

申请材料初审不符合要求的，应当书面通知申请人。

第十六条　申请材料初审符合要求的，县级农业行政主管部门应当逐级将推荐意见和有关材料上报省级农业行政主管部门。

第十七条 省级农业行政主管部门自收到推荐意见和有关材料之日起，在 10 个工作日内完成对有关材料的审核工作，符合要求的，组织有关人员对产地环境、区域范围、生产规模、质量控制措施、生产计划等进行现场检查。

现场检查不符合要求的，应当书面通知申请人。

第十八条 现场检查符合要求的，应当通知申请人委托具有资质资格的检测机构，对产地环境进行检测。

承担产地环境检测任务的机构，根据检测结果出具产地环境检测报告。

第十九条 省级农业行政主管部门对材料审核、现场检查和产地环境检测结果符合要求的，应当自收到现场检查报告和产地环境检测报告之日起，30 个工作日内颁发无公害农产品产地认定证书，并报农业部和国家认证认可监督管理委员会备案。

不符合要求的，应当书面通知申请人。

第二十条 无公害农产品产地认定证书有效期为 3 年。期满需要继续使用的，应当在有效期满 90 日前按照本办法规定的无公害农产品产地认定程序，重新办理。

第四章 无公害农产品认证

第二十一条 无公害农产品的认证机构，由国家认证认可监督管理委员会审批，并获得国家认证认可监督管理委员会授权的认可机构的资格认可后，方可从事无公害农产品认证活动。

第二十二条 申请无公害产品认证的单位或者个人(以下简称申请人)，应当向认证机构提交书面申请，书面申请应当包括以下内容：

(一)申请人的姓名(名称)、地址、电话号码；

(二)产品品种、产地的区域范围和生产规模；

(三)无公害农产品生产计划；

(四)产地环境说明；

(五)无公害农产品质量控制措施；

(六)有关专业技术和管理人员的资质证明材料；

(七)保证执行无公害农产品标准和规范的声明；

(八)无公害农产品产地认定证书；

(九)生产过程记录档案;

(十)认证机构要求提交的其他材料。

第二十三条 认证机构自收到无公害农产品认证申请之日起,应当在15个工作日内完成对申请材料的审核。

材料审核不符合要求的,应当书面通知申请人。

第二十四条 符合要求的,认证机构可以根据需要派员对产地环境、区域范围、生产规模、质量控制措施、生产计划、标准和规范的执行情况等进行现场检查。

现场检查不符合要求的,应当书面通知申请人。

第二十五条 材料审核符合要求的、或者材料审核和现场检查符合要求的(限于需要对现场进行检查时),认证机构应当通知申请人委托具有资质资格的检测机构对产品进行检测。

承担产品检测任务的机构,根据检测结果出具产品检测报告。

第二十六条 认证机构对材料审核、现场检查(限于需要对现场进行检查时)和产品检测结果符合要求的,应当在自收到现场检查报告和产品检测报告之日起,30个工作日内颁发无公害农产品认证证书。

不符合要求的,应当书面通知申请人。

第二十七条 认证机构应当自颁发无公害农产品认证证书后30个工作日内,将其颁发的认证证书副本同时报农业部和国家认证认可监督管理委员会备案,由农业部和国家认证认可监督管理委员会公告。

第二十八条 无公害农产品认证证书有效期为3年。期满需要继续使用的,应当在有效期满90日前按照本办法规定的无公害农产品认证程序,重新办理。

在有效期内生产无公害农产品认证证书以外的产品品种的,应当向原无公害农产品认证机构办理认证证书的变更手续。

第二十九条 无公害农产品产地认定证书、产品认证证书格式由农业部、国家认证认可监督管理委员会规定。

第五章 标志管理

第三十条 农业部和国家认证认可监督管理委员会制定并发布《无公害

农产品标志管理办法》。

第三十一条 无公害农产品标志应当在认证的品种、数量等范围内使用。

第三十二条 获得无公害农产品认证证书的单位或者个人，可以在证书规定的产品、包装、标签、广告、说明书上使用无公害农产品标志。

第六章 监督管理

第三十三条 农业部、国家质量监督检验检疫总局、国家认证认可监督管理委员会和国务院有关部门根据职责分工依法组织对无公害农产品的生产、销售和无公害农产品标志使用等活动进行监督管理。

(一)查阅或者要求生产者、销售者提供有关材料；

(二)对无公害农产品产地认定工作进行监督；

(三)对无公害农产品认证机构的认证工作进行监督；

(四)对无公害农产品的检测机构的检测工作进行检查；

(五)对使用无公害农产品标志的产品进行检查、检验和鉴定；

(六)必要时对无公害农产品经营场所进行检查。

第三十四条 认证机构对获得认证的产品进行跟踪检查，受理有关的投诉、申诉工作。

第三十五条 任何单位和个人不得伪造、冒用、转让、买卖无公害农产品产地认定证书、产品认证证书和标志。

第七章 罚 则

第三十六条 获得无公害农产品产地认定证书的单位或者个人违反本办法，有下列情形之一的，由省级农业行政主管部门予以警告，并责令限期改正；逾期未改正的，撤销其无公害农产品产地认定证书：

(一)无公害农产品产地被污染或者产地环境达不到标准要求的；

(二)无公害农产品产地使用的农业投入品不符合无公害农产品相关标准要求的；

(三)擅自扩大无公害农产品产地范围的。

第三十七条 违反本办法第三十五条规定的，由县级以上农业行政主管部门和各地质量监督检验检疫部门根据各自的职责分工责令其停止,并可处以违法所得 1 倍以上 3 倍以下的罚款,但最高罚款不得超过 3 万元;没有违法所得的,可以处 1 万元以下的罚款。

第三十八条 获得无公害农产品认证并加贴标志的产品,经检查、检测、鉴定,不符合无公害农产品质量标准要求的,由县级以上农业行政主管部门或者各地质量监督检验检疫部门责令停止使用无公害农产品标志,由认证机构暂停或者撤销认证证书。

第三十九条 从事无公害农产品管理的工作人员滥用职权、徇私舞弊、玩忽职守的,由所在单位或者所在单位的上级行政主管部门给予行政处分;构成犯罪的,依法追究刑事责任。

第八章 附 则

第四十条 从事无公害农产品的产地认定的部门和产品认证的机构不得收取费用。检测机构的检测、无公害农产品标志按国家规定收取费用。

第四十一条 本办法由农业部、国家质量监督检验检疫总局和国家认证认可监督管理委员会负责解释。

第四十二条 本办法自发布之日起施行。

(此为中华人民共和国农业部、国家质量监督检验检疫总局第 12 号令,2002 年 4 月 29 日发布执行)

参考文献

1 王泽槐.香蕉优质丰产栽培关键技术.北京:中国农业出版社,2000

2 刘 敏,郝忠宁,肖 奕等.水果蔬菜贮藏加工技术方法大全.北京:地震出版社,1993

3 刘荣光.香蕉高产栽培技术.南宁:广西科学技术出版社,1998

4 华南农业大学.果树栽培学各论(南方本),第二版.北京:中国农业出版社,1991

5 吕佩珂,庞 震,刘文珍等.中国果树病虫原色图谱.北京:华夏出版社,1993

6 严英怀,林 杰.果树无公害生产技术指南.北京:中国农业出版社,2003

7 余玉冰,刘志明,秦碧霞等.香蕉根结线虫病田间生防试验.广西植保,2000;13(1):4～5

8 张海岚,吴定尧,陈厚彬.香蕉防氟污染综合技术研究初报.广东农业科学,1998(6):22～24

9 李鄂平,黄君章.香蕉日灼病防治.广西园艺,2002,(6):32

10 苏小军,蒋跃明,李月标.1－MCP对香蕉果实货架期的影响.亚热带植物科学,2003;32(1):1～3

11 陈 铣,赖真如,陈树帮.36%降黄龙可湿性粉剂防治香蕉花叶心腐病和香蕉束顶病示范试验.广东农业科学,2001(2):44～45,

12 陈清西,廖镜思,王明双等.食用蕉若干品种类型叶片组织结构的比较观察.福建农学院学报,1992;21(4):406～412

13 陈清西,廖镜思.香蕉果实发育研究.福建省园艺学会1990年年会交流论文

14 康火南.香蕉优质高产新技术.福州:福建科学技术出版社,1998

15 梁 鹗.果树产期调节.台北:丰年丛书,1985

16 黄秉智.香蕉优质高产栽培.北京:金盾出版社,1995

17　蒋锦标,夏国京.无公害水果生产技术.北京:中国计量出版社,2002

18　廖镜思,陈清西.香蕉生长发育与温度和降雨量的相关分析.福建农学院学报,1990;19(1):35~40

19　廖镜思,陈清西.香蕉的营养生长与开花规律的探讨.福建果树,1990(1):4~6

20　熊月明,何光泽,柯冠武.南方果树病虫害防治技术.北京:中国农业出版社,2000

李树杏树良种引种指导	14.50 元	枣高效栽培教材	5.00 元
怎样提高杏栽培效益	10.00 元	三晋梨枣第一村致富经	9.00 元
银杏栽培技术	4.00 元	枣农实践 100 例	5.00 元
银杏矮化速生种植技术	5.00 元	我国南方怎样种好鲜食	
李杏樱桃病虫害防治	8.00 元	枣	6.50 元
梨树良种引种指导	7.00 元	图说青枣温室高效栽培	
柿树良种引种指导	7.00 元	关键技术	6.50 元
柿树栽培技术(第二次修		怎样提高枣栽培效益	10.00 元
订版)	9.00 元	鲜枣一年多熟高产技术	19.00 元
图说柿高效栽培关键技		枣园艺工培训教材	8.00 元
术	18.00 元	山楂高产栽培	3.00 元
柿无公害高产栽培与加		怎样提高山楂栽培效益	12.00 元
工	12.00 元	板栗标准化生产技术	11.00 元
柿子贮藏与加工技术	5.00 元	板栗栽培技术(第二版)	6.00 元
柿病虫害及防治原色图		板栗园艺工培训教材	10.00 元
册	12.00 元	板栗病虫害防治	11.00 元
甜柿标准化生产技术	8.00 元	板栗病虫害及防治原色	
枣树良种引种指导	12.50 元	图册	17.00 元
枣树高产栽培新技术	10.00 元	板栗无公害高效栽培	10.00 元
枣树优质丰产实用技术		板栗贮藏与加工	7.00 元
问答	8.00 元	板栗良种引种指导	8.50 元
枣树病虫害防治(修订版)	7.00 元	板栗整形修剪图解	4.50 元
枣无公害高效栽培	13.00 元	怎样提高板栗栽培效益	9.00 元
冬枣优质丰产栽培新技		怎样提高核桃栽培效益	8.50 元
术	11.50 元	核桃园艺工培训教材	9.00 元
冬枣优质丰产栽培新技		核桃高产栽培(修订版)	7.50 元
术(修订版)	16.00 元	核桃病虫害防治	6.00 元

　　以上图书由全国各地新华书店经销。凡向本社邮购图书或音像制品,可通过邮局汇款,在汇单"附言"栏填写所购书目,邮购图书均可享受 9 折优惠。购书 30 元(按打折后实款计算)以上的免收邮挂费,购书不足 30 元的按邮局资费标准收取 3 元挂号费,邮寄费由我社承担。邮购地址:北京市丰台区晓月中路 29 号,邮政编码:100072,联系人:金友,电话:(010)83210681、83210682、83219215、83219217(传真)。